図解 Inventor

実習 第3版

船倉 一郎・堀 桂太郎［共著］

ゼロからわかる3次元CAD

森北出版

本書は Inventor 2021 の操作画面を使って説明しています.
使用 OS が Windows 10 であれば, 操作の流れはほぼ共通しています.

＜本書で扱ったパーツファイルなどについて＞
　☆本書の Web ページ（https://www.morikita.co.jp/books/mid/066623）
　　から入手できます.
　☆該当する ipt などのファイルを, Inventor で開いてご使用ください.
＜ Inventor の体験版, 学生・教育機関向けの情報について＞
　☆オートデスク社の Web ページ（https://www.autodesk.co.jp/）を参照し
　　てください.

第3版まえがき

　本書は，3次元 CAD ソフト Inventor の入門書として，2006 年 12 月に第 1 版，2013 年 8 月に第 2 版を発行以来，ICT 系の指導書としては異例の長期間にわたり多くの皆様にご利用いただき，よい評価をいただいております．今回の改訂では，バージョン 2021 に合わせたユーザインターフェースの見直し，ユーザ層の広がりを考慮した構成の一部見直し，各項目の演習の増加，そして必要な部分では説明もより初心者向けに見直しました．今後もより入門書としての活用が広がり，3D CAD の導入に貢献できることを期待しています．なお，編集段階でバージョン 2022 がリリースされました．追加された新機能の説明はできていませんが，ファイルの読み込み，動作，操作関係を確認したうえで，新バージョンにも十分使えるものと判断し，バージョン 2022 対応としています．

　最後になりましたが，第 3 版出版の編集でお世話になった森北出版の藤原祐介氏，村瀬健太氏にはこの場を借りて厚く御礼申し上げます．

　2021 年 8 月

著　者

第2版まえがき

　本書は，3次元 CAD ソフト Inventor の入門書として，2006 年 12 月に第 1 版が発行されました．おかげさまで発刊以来多くの皆様にご利用いただき，工夫された説明の順番や，わかりやすい図解と説明などによい評価をいただいております．

　近年では，Inventor で作成した 3D データから 3D プリンタへの出力も可能となり，実際に製品を作る前にそれぞれの部品のデザインの検証・機能検証などの試作に使われ，ものづくりにおける 3 次元設計の重要性は，ますます大きくなっています．

　ところで，第 1 版の発行から 7 年が経過し，毎年のように Inventor のバージョンアップが行われています．メカニカル設計およびシミュレーションのためのソフトウェアである Inventor は，強化された CAD の生産性ソリューションに加え，高度なメカニカル エンジニアリング設計，モーション シミュレーション，金型設計のための機能が提供されるなど，バージョンアップで強化されています．また，「リボン」などのインタフェースの見直しや新たに「ナビゲーションバー」などが導入され，本書が取り扱う基本機能においても，操作性が向上しています．新しいバージョンのソフトでも本書を利用いただけるように，本改訂でスクリーンショットと用語や表記，操作説明を全面的に見直しました．

　本書が，3 次元 CAD のマスターへ向けた最初の一歩を踏み出すための入門書としてお役に立てることを心より願っています．

　最後になりましたが，本書の出版にあたりご支援いただいたオートデスク株式会社　近藤慎二氏，SCSK 株式会社　柳原喜秀氏にはこの場を借りて厚く御礼申し上げます．

　2013 年 7 月

著　者

まえがき

　国際化の時代になって分業化や市場ニーズへの対応から開発期間の短縮やコストの削減などへの要請が高まり，設計現場では建築や機械，電子とあらゆる分野でコンピュータ支援による設計ソフトウェアの利用が従来にも増して推し進められています．また，以前には，個人では利用不可能な高性能なワークステーションでなければ動作しなかったような高度な支援機能の設計ソフトウェアも，最近のパーソナルコンピュータの高性能化に伴い個人や小規模の事業所でも利用できるようになり，比較的身近なものになってきました．このようなことから，最近では設計ソフトウェアがホビーユースの二足歩行ロボットのような分野でも活用されるようになってきています．

　日本における機械設計の分野では，2 次元 CAD からはじまり，より実物に近い立体を描ける 3 次元 CAD へと移行しつつありますが，中国や韓国などの製品開発で競合する国々に比べると，その導入の割合は多くないといわれています．3 次元 CAD はこれまでの 2 次元 CAD と大きく概念が異なり，描画に関する個々の機能を単に理解するだけでは十分に使いこなすのは難しいソフトウェアです．しかしながら，3 次元 CAD 自体も，立体的に描くことで，完成状態をイメージするだけなく，複数の部品を組合せてシミュレーションを行ったり，重量や重心を求めたりと，より高機能化が推し進められ，今後益々その普及が期待されています．

　本書では，はじめて 3 次元 CAD を学ぶ方を対象に，ミッドレンジの 3 次元 CAD の代表として広く普及しているオートデスク社の Inventor 10 を取り上げ，図を多く用いたわかりやすい解説を心がけました．そして，実際に Inventor の操作手順を説明しながら読者がソフトウェアを動かし，学習を進められるように配慮しました．取り扱う内容は，Inventor に共通する基本的な操作に関する事項に絞り，基本的な考え方，3 次元 CAD 特有の図面の作成方法などについてわかりやすくまとめました．しかし，本書の内容をマスターするだけでも，3 次元 CAD を用いた基本的な機械製図が自在にできるようになるでしょう．本書が，3 次元 CAD のマスターへ向けた最初の一歩を踏み出すための入門書としてお役に立てることを心より願っています．

　最後になりましたが，本書執筆の機会を与えてくださった森北出版の森北博巳氏，ならびに編集でお世話になった石田昇司氏，本書の出版にあたりご配慮いただいたオートデスク社パートナー営業 文教担当 近藤慎二氏，及びアドバイスをいただいた兵庫県立兵庫工業高校機械工学科の先生方にはこの場を借りて厚く御礼申し上げます．

　2006 年 11 月

著　者

目　次

第1章

Inventor の基礎

この章では，3次元 CAD の Autodesk Inventor の基本操作に慣れるために，ユーザインターフェースとモデリングの概要について説明します．簡単な3次元 CAD の例を作成して手順を説明しますが，具体的な操作方法については第2章から説明します．

この章で学習すること

☞ Inventor の概要

☞ モデリングの流れ

☞ 操作画面とツール

☞ スケッチの作成（詳しくは第2章）

☞ フィーチャ化（詳しくは第3章）

☞ 演習問題【5題】

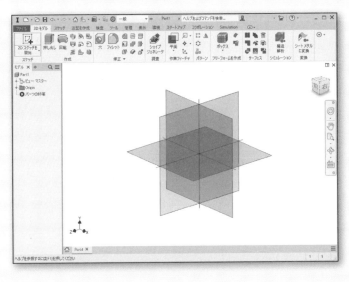

1.1　Inventor の概要

　　CAD（Computer Aided Design）は，日本語では「コンピュータ支援による設計」などとよばれています．これは，自動車，パソコン，家電などの機械・電気製品や，家，橋などの建造物を，コンピュータを使うことによって設計するという意味です．ソフトウェアやパソコンなどの機器全体を含むシステムを意味する場合もあります．

　　本書で扱う Inventor は，コンピュータの画面上で 3 次元モデルによる構造設計を行う機械系 3 次元 CAD ソフトウェアです．試作や完成部品の製作に入る前の段階で，バーチャルプロトタイプにより製品の機能を知ることができるため，産業界で主流となっています．近年では，3D プリンタ出力により，ラピッドプロトタイピングが可能となり，ますます 3 次元 CAD の可能性が広がっています．開発元であるオートデスク社は，汎用の 2 次元 CAD のスタンダードとして世界的に大きなシェアを確保している AutoCAD の開発・販売元であり，広く知れ渡っている CAD ソフトウェアメーカーの老舗です．

　　この AutoCAD をベースにして，機械系，建築系，電気系のさまざまな CAD が開発されていますが，機械系の CAD ソフトウェアが Inventor です．Inventor の開発スピードは非常に速く，1 ～ 2 年でバージョンアップが行われ，つねに多くの機能の追加や操作性の向上が図られています．

　　また，バージョンアップにつれて，Inventor は単に図面の作成を行うだけではなくなりました．単体での簡易的なシミュレーション，部品間の干渉解析によって，同一アセンブリファイル内で複数の位置関係を設定できるようになり，駆動機構をもつ製品の設計検討も効果的に行えるようになりました．また，板金加工などに用いられる板状部品であるシートメタルや溶接のビードなどの表現や，前述の 3D プリンタへの出力機能も充実してきました．

　　さらに，競技用ロボット本体の設計にもよく用いられるようになっています．これらのことは，3 次元 CAD としての Inventor の操作性の良さと導入の容易さを物語っています．

＊ラピッドプロトタイピング（rapid prototyping）：製品開発における試作の方法．

1.2 モデリングの流れ

　Inventor で 3 次元図面を描くには，**モデリング**という作業を行います．モデリングでは，基本的に**スケッチ（スケッチジオメトリ）**という平面上に図面を描いて，それを立体化し，編集するという手順で 3 次元図面を描きます．モデリングの流れを図 1.1 に示します．

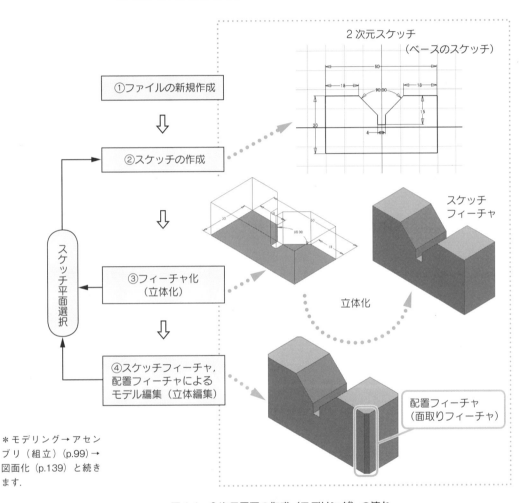

図 1.1　3 次元図面の作成（モデリング）の流れ

　ここでのスケッチは，フィーチャ化（立体化）に必要な 2 次元の作図を行うためのもので，従来の 2 次元図面の三面図（正面図，平面図，側面図）のように，立体を平面の図面で表現する手段とは異なります．スケッチ図面の作画方法も，2 次元 CAD の作法と似かよっていますが，製図における作図法のような決まりごとはありません．

　1 つの部品を 3 次元化する図面は，上記のようなモデリングによって作成されますが，複雑な形状の部品は，スケッチフィーチャ，配置フィーチャにより構成された形状を複数組み合わせることによって作成します．ここでの配置フィーチャは，部品の機械加工を行うのとよく似た機能を実現しています．

1.3　操作画面とツール

Inventor の起動は，一般的な Windows のアプリケーションと同じようにつぎの 2 つの方法で行うか，または，右クリックメニューから [**開く**] をクリックします．

図 1.2　Inventor の
アイコン

・Windows のデスクトップ上にある Inventor のアイコン（図 1.2）を，マウスでダブルクリックします．
・Windows のタスクバーから [**スタートボタン**⊞] → [**Autodesk Inventor 2021**] の順にたどって選択します．

上記のいずれかの方法で起動すると，カーソルが砂時計マーク⧖になり，起動が完了すると図 1.3 に示す起動画面が表示されます．

図 1.3　起動画面

新規にデータを作成する場合には，図 1.3 のリボン [**スタートアップ**] タブ> [**新規**] のアイコンを選ぶと，図 1.4 の [**新規ファイルを作成**] ダイアログが開きます．つづけて，[**パーツ-2D および 3D オブジェクトを作成**] の Standard.ipt（①）を選んでから作成ボタン（②）をクリックします．

すると，Inventor が起動し，図 1.5 の画面が表示されます．ここでは，[**3D モデル**] タブ> [**2D スケッチを開始**] をクリックした状態を示しています．起動した Inventor ウィンドウの**クイックアクセスツールバー**（画面の一番上）に，図面名の「**Part1**」が表示されます．

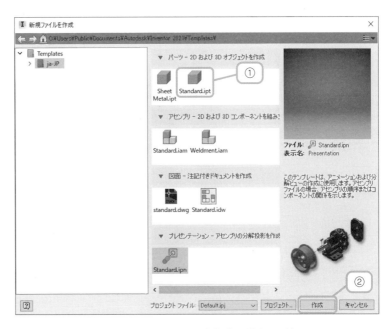

図 1.4　**新規ファイルを作成のダイアログ**

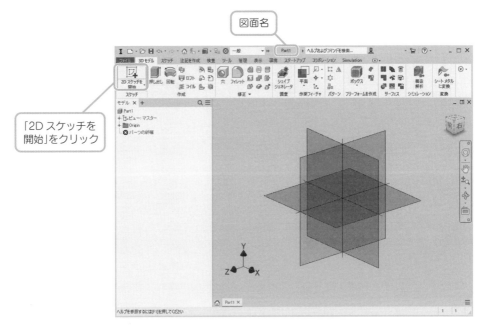

図 1.5　**パーツ用テンプレートの初期画面**

　つぎに，図 1.6 はスケッチ平面の作成画面のユーザインターフェースを示します．**クイックアクセスツールバー**，**リボン**，**パネル**，**ブラウザ**，**ステータスバー**は，作業内容に応じて操作画面が自動的に変化します．それらの例を以下に示します．

❖ **ブラウザ**　図 1.7 のように，モデルの構成要素が作成された順に履歴として表示され，モデルのオブジェクトの構造がわかります．階層構造になっていて，パーツ名やフィーチャ名などで表示されます．

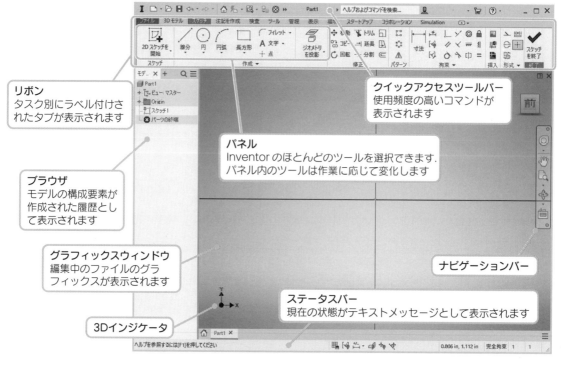

図1.6　スケッチ平面の作成画面のユーザインターフェース

リボン
タスク別にラベル付けされたタブが表示されます

ブラウザ
モデルの構成要素が作成された履歴として表示されます

グラフィックスウィンドウ
編集中のファイルのグラフィックスが表示されます

3Dインジケータ

クイックアクセスツールバー
使用頻度の高いコマンドが表示されます

パネル
Inventorのほとんどのツールを選択できます．パネル内のツールは作業に応じて変化します

ナビゲーションバー

ステータスバー
現在の状態がテキストメッセージとして表示されます

図1.7　ブラウザ表示の例

*ここでは，パネルをリボンから分離しています．

❖ **パネル**　作図やフィーチャ作成に必要なツールが表示されます．作図する場合に使用されるのは［作成］パネルで，描画に必要なツールが表示されています．ツール名の横の▼をクリックすると，図1.8のように関連した別の種類のツールが展開・表示されます．

図1.8　パネル表示の例

❖ **アプリケーションメニュー**　リボンの［**ファイル**］を**クリック**して，コマンドの検索，ファイルの作成，開く，エクスポートなどのツールにアクセスします．図 1.9 にアプリケーションメニューを示します．

図 1.9　アプリケーションメニュー表示の例

図 1.10　クイックアクセスツールバー

❖ **クイックアクセスツールバー（QAT）**　アイコン，文字列でコマンドを表します．クリックすると，ドロップダウンメニューが展開されます．図 1.10 にクイックアクセスツールバーの展開例を示します．

❖ **ナビゲーションバー**　各種の表示ツールが表示されます．図 1.11 のナビゲーションホイールは，ツール上のアイコンをクリックすると表示され，つぎのような操作ができます．

　アイコンは，上から**画面移動**，**ズーム**，**回転**，**面を表示**を表します．図 1.12 に**回転**を選択した例を示します．マウスをドラッグして図形の向きを自由に変更できます．決まった角度で指定する場合には，ViewCube の角や面などをクリックします．なお，グラフィックスウィンドウの左下隅の **3D インジケータ**の赤矢印は X 軸を，緑矢印は Y 軸を，青矢印は Z 軸を示します．

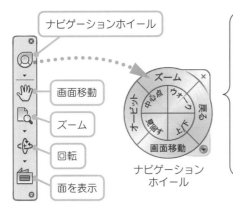

［ズーム］	現在のビューのズームを調整します．
［戻る］	直前のビューを戻します．クリックして，左または右にドラッグすることで，前または後のビューに移動します．
［画面移動］	現在のビューの位置を画面移動します．
［オービット］	現在のビューを回転します．
［中心点］	モデル上の任意の点を指定し，現在のビューの中心をその点に合わせます．
［ウォーク］	パースビューモードでモデルのウォークスルーをシミュレートします．
［見回す］	現在のビューを旋回できます．ウォークと組み合わせると効果的です．
［上 / 下］	モデルの現在のビューを Z 軸に沿ってスライドできます．

図 1.11　ナビゲーションバー

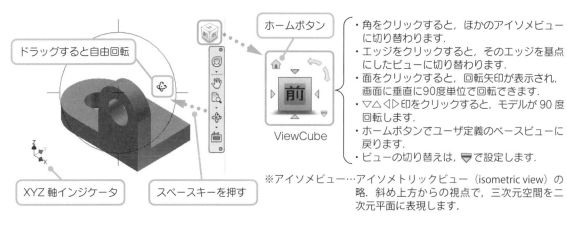

ホームボタン

・角をクリックすると，ほかのアイソメビューに切り替わります．
・エッジをクリックすると，そのエッジを基点にしたビューに切り替わります．
・面をクリックすると，回転矢印が表示され，画面に垂直に90度単位で回転できます．
・▽△◁▷印をクリックすると，モデルが90度回転します．
・ホームボタンでユーザ定義のベースビューに戻ります．
・ビューの切り替えは，▼で設定します．

ドラッグすると自由回転

ViewCube

XYZ軸インジケータ

スペースキーを押す

※アイソメビュー…アイソメトリックビュー（isometric view）の略．斜め上方からの視点で，三次元空間を二次元平面に表現します．

図 1.12　ViewCube

❖ **パースビューモード**　平行な複数の線分の消失点が同一点となるパース法で，パーツやアセンブリモデルを 3 点パースで表示します．

❖ **ウォークスルー**　3D グラフィックスで構成された仮想空間の中を実際に移動して，視点を変更するシミュレーションができます．

❖ **マーキングメニュー**　［OK］，［完了］，［キャンセル］，［適用］などが，表示画面に合わせ現在のカーソル位置を中心に，放射状に表示されます（図1.13）．各メニューは，円の特定のセクタに割り付けられます．各メニューには，コマンド名および対応するアイコンが表示されます．メニュー項目を選択するには，マウスをそのセクタに移動し，ハイライト表示された項目をクリックして，選択を確定します．

図 1.13　マーキングメニュー

テンプレートとは

図 1.14 に示すアイコンは，Inventor で用いるモデリングや図面の作成内容に応じた**テンプレート**を示しています．

① Sheet Metal.ipt ……　シートメタル・パーツ（拡張子は .ipt），板金用図面のファイルです．
② Standard.ipt…………　パーツ（.ipt），3 次元図面の部品用ファイルです．
③ Standard.iam ………　アセンブリ（.iam），パーツ組立て用のファイルです．
④ Weldment.iam ………　溶接アセンブリ（.iam），溶接加工用ファイルです．
⑤ Standard.dwg ………　AutoCAD の標準的なファイル（.dwg）です．
⑥ Standard.idw ………　図面（.idw），2 次元図面用のファイルです．
⑦ Standard.ipn ………　プレゼンテーション（.ipn），プレゼンテーション用ファイルです．

Sheet Metal.ipt　Standard.ipt　Standard.iam　Weldment.iam　standard.dwg　Standard.idw　Standard.ipn
①　　②　　③　　④　　⑤　　⑥　　⑦

図 1.14　テンプレート

1.4 スケッチの作成

ここでは実際に、図 1.15 の部品の作成をとおして、フィーチャ作成のための基本的なスケッチの作成方法を学習します。まず、スケッチ平面上で外形線となるスケッチの作画方法について説明します。**スケッチ平面**は、立体の断面形状を作画するために空間上に定義される無限の平面です。

図 1.15　**作成する部品**

❶ まず、**1.3 節**の Inventor の起動方法を参照して、テンプレート **Standard.ipt** を選択し、新規ファイルを作成して、図 1.16 の画面を表示します。この図では、スケッチを作成する平面（X–Y、X–Z など）を選びます。図 1.17 はスケッチ平面上に長方形の図形を描き始めた状態を示し、ファイル名は **Part1** となっています。ここでは X–Y 平面を選択します。

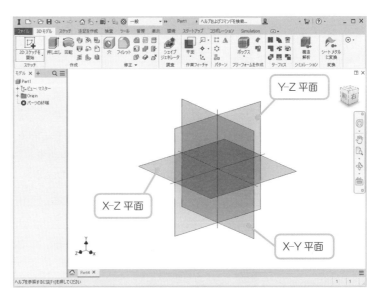

図 1.16　**スケッチ画面の選択**

新しいスケッチを開始するとき、スケッチ座標系はスケッチグリッドの X-Y 平面で表されます（最初のスケッチの場合、ブラウザに**スケッチ 1** が表示されます）。スケッチウィンドウには、グリッドが表示され、原点（**CP**：Center Point）はウィンドウの中央に置かれています（このときウィンドウの右隅に

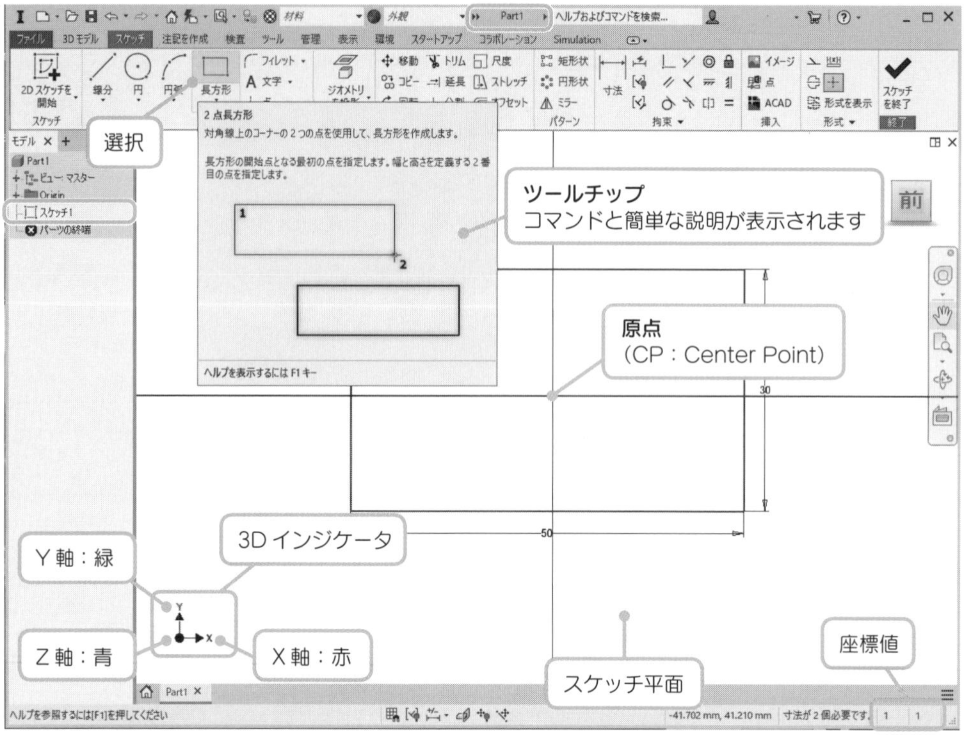

図 1.17　**スケッチ平面による作画**

原点を 0，0 とする座標値が表示されます）．

❷　ここでは，[**スケッチ**] タブ> [**作成**] パネル> [**2 点長方形**] ツールを選択し，図 1.18 のようにグラフィックスウィンドウ内の 2 点（**P1 → P3**）をクリックして，適当な位置・サイズの長方形を作成します（これを**ラフスケッチ**といいます）．

❸　描いた長方形の寸法を設定します．まず，[**拘束**] パネル> [**一般寸法**] ツールを選択し，図 1.19 のように寸法を指定する線をクリックします．そして，[**寸法編集**] ダイアログに縦 40，横 50 の寸法をそれぞれ入力します．

❹　[**作成**] パネル> [**中心点円**] ツールを選択し，図 1.20 のように長方形の辺の中点（アイコンが中点付近で緑色（●印）になります）を円の中心とし，円周

*寸法の文字が小さいときは [ツール]-[アプリケーションオプション]-[一般]-[注記の尺度] の数値を大きくします．

図 1.18　**対角線で長方形を描く**　　　　図 1.19　**一般寸法ツールによる寸法指定**

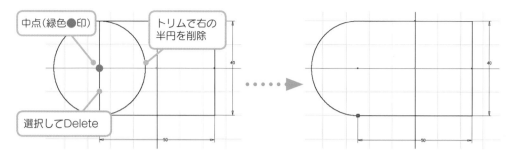

図 1.20　半円をトリムで描く

が角と一致する円を作成します．つぎに，円の内側の長方形の左辺を選択して
から，[Delete]キーを押して左辺を削除します．つづけて，[**修正**] パネル> [**ト
リム**] ツールを選び，円の右側の半円を選択して削除します．

❺　グラフィックスウィンドウ上で右クリックし，図 1.21 のようにポップアップ
　　メニューの [**ホームビュー**] をクリックして，図 1.22 のホームビューの表示
　　に変えます．そして，右クリックしてポップアップメニューの [**2D スケッチ
　　を終了**] をクリックし，スケッチ画面を終了します．

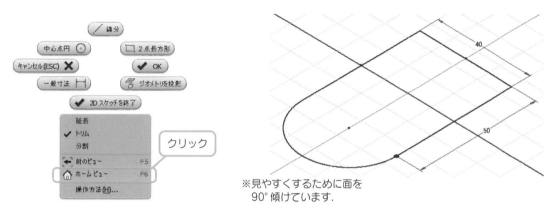

図 1.21　ホームビューツール　　　　　　　　図 1.22　ホームビュー

※見やすくするために面を
　90°傾けています．

スケッチツール

　図 1.23 に示す [**スケッチ**] タブ> [**作成**] パネルの主なツールをここで紹介します．いずれのツール
も原則，終了するにはマウスをダブルクリックするか，右クリックしてポップアップメニューで [**OK**]
を選ぶか，[Esc] キーを押します．

図 1.23　スケッチタブの作成パネル

◆ **線分ツール**　線分を描きます．クリックすることで連続して線分を引くことができます．スケッチ端点から円弧を描きながらドラッグすることで，円弧も作成できます．

○印でクリックします

ドラッグで接線方向の円弧を描きます

ドラッグで線分を引きます

◆ **円ツール**　クリックして中心点を指定して円を描きます．半径はドラッグすることで設定可能です．▼をクリックすると**接線円**や**だ円**を描くことができます．円弧は 3 点円弧ツールで描くことができます．　※半径の点でクリック（終了）します．

クリックで中心点を指定します．ドラッグで半径を引きます

◆ **長方形ツール**　対角の点をクリックで指定します．ドラッグで長方形を描きます．
※対角の点をクリックすると終了します．

ドラッグで長方形の大体の大きさを決めます

つぎに，スケッチで役立つスケッチ補助ツールを説明します．　※**［修正］**パネルから選択します．

◆ **延長ツール**　スケッチをほかの図形に接触する位置まで延長します．カーソルを延長する部分の上に重ねると，延長されるスケッチが表示されます．

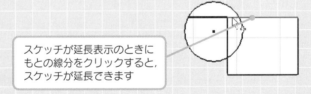

スケッチが延長表示のときにもとの線分をクリックすると，スケッチが延長できます

◆ **トリムツール**　部分的にスケッチを削除します．カーソルをトリムする部分の上に重ねると，破線になります．

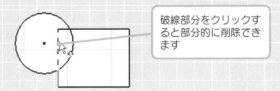

破線部分をクリックすると部分的に削除できます

1.5 フィーチャ化

❶ スケッチ画面を終了した時点で，リボンが［**スケッチ**］タブから［**3D モデル**］タブの［**作成**］パネル（図 1.24）に切り替わっているので，パネルの［**押し出し**］ツールをクリックすると，図 1.25 の［**押し出し**］のダイアログが表示されます．同時に図 1.26（a）のように立体のプレビューが表示されます．

図 1.24　**3D モデルタブの作成パネル**　　図 1.25　**押し出しのダイアログ**

ここで，図 1.25 で距離 A をたとえば 10 mm と設定し，OK ボタンをクリックすると実際に 3 次元化され，図 1.26（b）のようになります（3 次元化が終了するとブラウザには ＋ 押し出し1 が追加されます）．押し出しについて詳しくは 3.2.2 項で説明します．

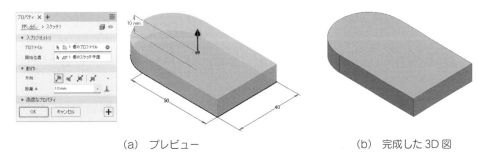

（a）　プレビュー　　　　　　　　　　　（b）　完成した 3D 図

図 1.26　**押し出し**

❷ さらに，完成した部品上面に別の形状を追加します．まず，図 1.27（a）のように右クリックし，つづけてポップアップメニューの［**新しいスケッチ**］をクリックします．するとマウスカーソルが に変わるので，そのまま側面をマウスでクリックすると，図（b）のように新しいスケッチ平面が定義されます．つぎのスケッチを描きやすくするために，ナビゲーションバー上の［**面を表示**］（Page UP）をクリックし，先ほどの側面を選択して向きを図 1.28（a）のように変えます．

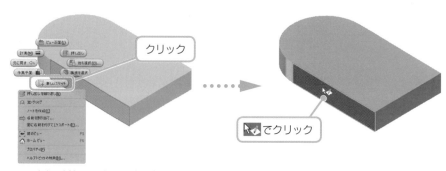

(a) 新しいスケッチを選択 　　　　(b) 新規スケッチ平面を選択

図 1.27 **側面に新規スケッチ平面の配置**

❸ ［作成］パネル＞［線分］ツールをクリックし，図 1.28 に示す手順で逆 U 字
形のスケッチを描きます．まず，図（b）のようにカーソルの横に，アイコン（🔲）

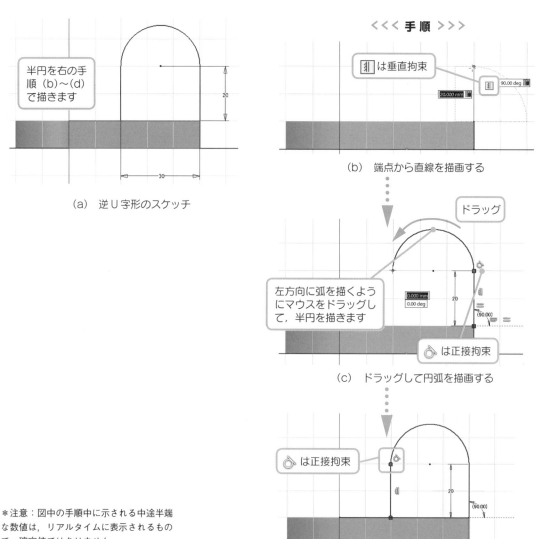

＊注意：図中の手順中に示される中途半端
な数値は，リアルタイムに表示されるもの
で，確定値ではありません．

図 1.28 **スケッチの追加**

（**垂直**）が表示されるように線を描き，端でクリックして直線を確定します．つぎに，[**線分**] ツールのままで図（c）のように半円を描きます．

　さらに，つづけて図（d）のように直線を引いて図形を閉じます．半円と直線は正接拘束（◔）となるようにしてください．交点でマウスカーソルが○となり，確実に接続できるようにしてください．

❹ [**拘束**] パネル＞[**一般寸法**] ツールを選択し，図 1.29（a）のように寸法（20，30）を入れます（この図では，寸法を入れた状態をホームビューで表示しています）．寸法の設定が完了したらスケッチを終了して，[**3D モデル**] タブ＞[**作成**] パネル＞[**押し出し**] をクリックし，図（b）のように，スケッチを選んで距離を 10 mm として，**押し出し**を行います．

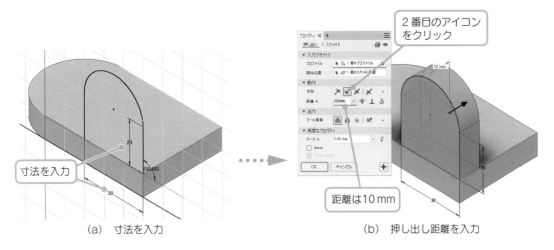

（a）寸法を入力　　　　　　　　　　　（b）押し出し距離を入力

図 1.29　**側面の押し出し**

❺ 土台に穴をあけます．これまでと同様の手順で土台の上面に新しくスケッチ平面を定義します．つづけて，パネルから [**中心点円**] を選び，図 1.30（a）のように，おおよその円の中心をクリックし，そのままマウスをドラッグします．大体の大きさの位置でもう一度クリックして，直径を決めます．なお，作業しやすいようにナビゲーションバー上の [**面を表示**]（Page UP）をクリックし，上面を選択してあらかじめ向きを図（b）のように変えておきます．

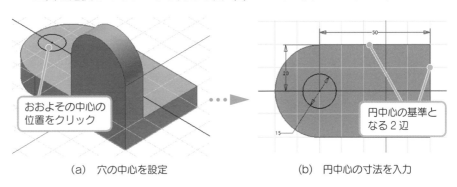

（a）穴の中心を設定　　　　　　　　　　（b）円中心の寸法を入力

図 1.30　**スケッチ平面に円の描画**

　　つづけて，[**拘束**] パネル>[**一般寸法**] ツールで[**円周**] をクリックし，直径の値としての 15 を入力します．中心位置はそれぞれの基準となる辺と円周をクリックしてから，図 1.30（b）のように水平 50 と垂直 20 の値を入力して指定します．位置が決まったら右クリックし，ポップアップメニューからスケッチ画面を終了します．

❻　パネルの[**押し出し**] ツールをクリックし，円の中を選択して，図 1.31（a）のように，距離 A を**貫通**とします．そして，押し出しの[**出力**] を**切り取り**（🔳）にし，方向を調整して OK ボタンをクリックすると穴あけが完了します（図（b）は**回転**によって表示の向きを変えています）．

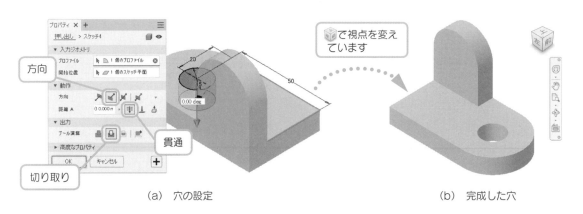

（a）穴の設定　　　　　　　　　　　　　　　　（b）完成した穴

図 1.31　底面の穴あけ

❼　図 1.32（a）のように，図の側面をクリックして新しくスケッチ平面を定義します．つぎのスケッチを描きやすくするために，ナビゲーションバーを操作し，先ほどの側面を選択して向きを図（b）のように変え，円を図の寸法で描きます．

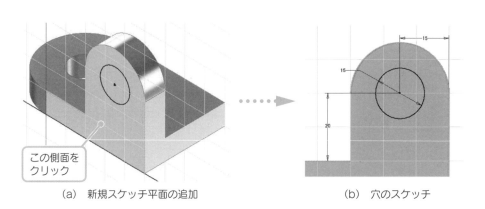

（a）新規スケッチ平面の追加　　　　　　　　　　（b）穴のスケッチ

図 1.32　側面の穴あけ

❽　円の位置が決まったらスケッチ画面を終了し，[**3D モデル**] タブ>[**作成**] パネル>[**押し出し**] ツールをクリックします．最初にあけた穴と同様の手順で**押し出しのオプションを切り取り**（🔳）にし，円を選択してから OK ボタンをクリックすると，図 1.33 のように穴あけが完了します．作成した図面は，アプリケーションメニューから[**名前を付けて保存**] >[**保存**] を選び，図 1.34

のように "**練習 1.ipt**" とファイル名を指定して，マイドキュメントなどの適当なフォルダに保存します．

図 1.33 **完成図**

図 1.34 **ファイルの保存画面**

ヘルプシステム

COLUMN

Inventor の用語の説明や操作例は，⑦をクリックすると表示され，検索で用語を探すことができます（図1.35（a））．また，[**マイホーム**] タブ> [**チュートリアルギャラリー**] パネルで各操作を学習できます（図1.35（b）を参照）．

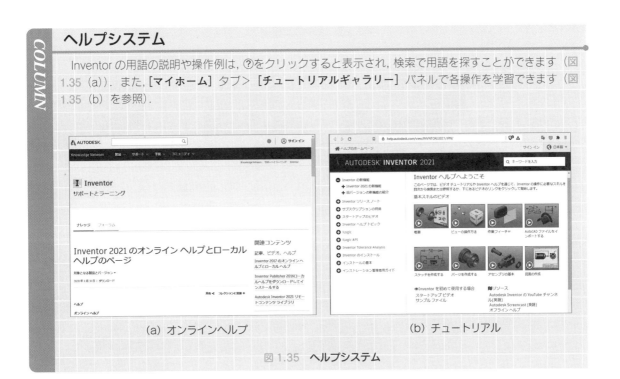

(a) オンラインヘルプ   (b) チュートリアル

図 1.35 **ヘルプシステム**

演習問題

*フィレットはあらかじ
め直線部分を描画してお
きます．

● **1.1** 本章で作成した図面を表示し，ズームツール，ナビゲーションバー（◎ ⬮
🔍 ⊹ 🏠）を操作して表示状態を確認しましょう．

● **1.2** ［**スケッチ**］タブの3点円弧，フィレット，ポリゴンを使って，図 1.36 を
描いてみましょう．

図 1.36　**3点円弧，フィレット，ポリゴン**

● **1.3** スケッチツール・ナビゲーションバーを使用して，図 1.37 のような簡単な
ラフスケッチによる立体を描いてみましょう．ただし，寸法は特に指定し
ません．右端の図の角穴は貫通とします．

図 1.37　**ラフスケッチの演習**

*ブラウザ上に「押し出
し1」のように順番で番
号が付きますが，作成中
に元に戻る操作を行った
場合には，番号付けが異
なる場合があります．

● **1.4** 本文中で完成した3Dの図面が，ブラウザで 図 1.38 のようになっているこ
とを確認しましょう．また，図（a）のようにブラウザのアイコン上にマウ
スカーソルを置くと，完成図に図のように点線が表示されることを確認し
ましょう．

（a）　　　　　　　　　　　　　　　　　　　　（b）

図 1.38　**完成図の寸法と外形線の表示**

● **1.5** コラムに示した［**チュートリアルギャラリー**］の中から適当なものを選び，
各種のパーツモデリングの操作手順を確認しましょう．

2次元スケッチと拘束

この章では，3 次元 CAD に特有の 2 次元スケッチの手順と，スケッチと組み合わせる拘束について説明します．3 次元モデルは 2 次元のスケッチをもとに作成しますが，従来の製図や 2 次元 CAD の図面を作成する手順とは大きく異なります．従来の図面では，正確に作図を行う必要がありますが，Inventor ではラフスケッチとよばれる 2 次元スケッチでおおまかな形状を描いて，拘束を与えることで正確な形状を作り，最終的に 3 次元モデルを作成します．

この章で学習すること

☞ 拘束条件

☞ ジオメトリ拘束

☞ 寸法拘束

☞ 演習問題【4 題】

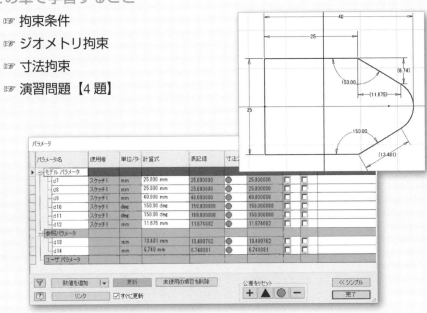

2.1　拘束条件

2.1.1　拘束条件とは

　図2.1（a）のような**スケッチジオメトリ**である**ラフスケッチ**に，図（b）のように長さや角度，図形どうしの関係などを与える条件を**拘束条件**といいます．この図の場合，それぞれの線分と円弧の間に，直交，接線などの拘束が設定されていますが，このように幾何学的な条件を与えるものを**ジオメトリ拘束**といい，寸法を指定するものを**寸法拘束**といいます．

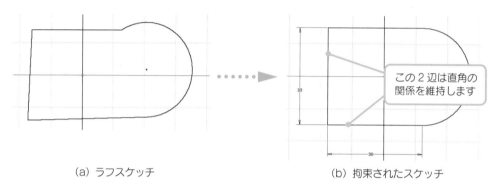

（a）ラフスケッチ　　　　　　　　　　　　（b）拘束されたスケッチ

図2.1　**拘束条件**

　ところで，このジオメトリ拘束は，図2.1のように，デフォルトではスケッチ上に表示されません．確認したい場合には，［**スケッチ**］タブの［**拘束を表示**］（🖼）をクリックして任意の線分，円弧などを選び個別に拘束を表示します．または，グラフィックスウィンドウ上で右クリックし，図2.2のポップアップメニューから［**すべての拘束を表示**］を選ぶと，図2.3のように，一度にすべての拘束を，または拘束を個別に表示できます．なお，このとき表示された拘束は，図2.2の［**すべての拘束を非表示**］をクリックすると非表示となります．

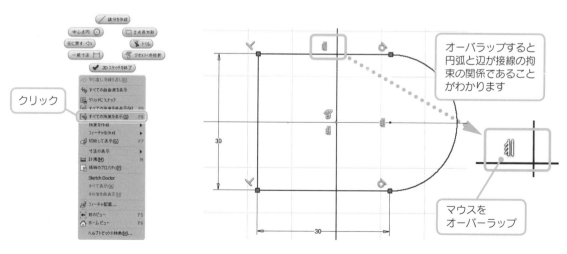

図2.2　**拘束の表示方法**　　　　　　　　　　　　図2.3　**拘束の表示**

　また，それぞれの拘束は，2つの線分や円，円弧などのスケッチに対して作用します．どの拘束がどのスケッチに働くかを調べる場合には，図2.3のように，その拘束の上にマウスカーソルをオーバラップさせると該当するスケッチの色が変わるので，どれがその対象であるかを知ることができます．

2.1.2 自動拘束

　図2.4のように，スケッチを作図する過程でカーソルの横にさまざまなマークが表示されます．これは当該のスケッチが垂直，水平，平行，接線など幾何的な条件を満たしている状態にあるときに**拘束が推定**され表示されます（スケッチジオメトリ上でカーソルを動かすことを**スクラビング**といいます）．このマークが表示されている状態でマウスをクリックして，線分，円弧などのスケッチを確定するとそれらの**ジオメトリ拘束**がスケッチに自動的に付加されます（**拘束の適用**）．このような拘束を**自動拘束**（自動スケッチ拘束）といいます．スケッチにジオメトリ拘束が追加されると，スケッチはつねにその拘束を保つようになります．意図しないマークが表示されているときにうっかりしてスケッチを確定すると，その自動拘束が有効になるので注意が必要です．

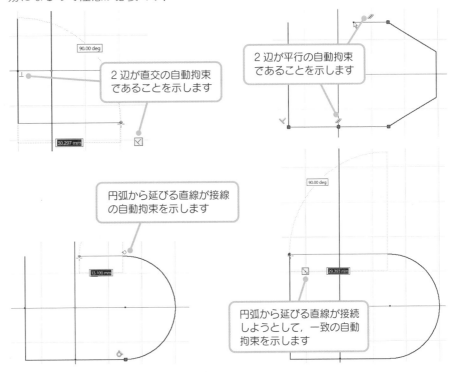

図2.4 自動拘束

　もし，意図しない自動拘束が入ってしまった場合には，表示した拘束マークをクリックし，Deleteキーを押すか，または，図2.5のように右クリックでポップアップメニューを表示してから［**削除**］を選択し，不要な拘束を削除します．

　自動拘束を付加せずにスケッチをしたい場合には，Ctrlキーを押しながら作図します．

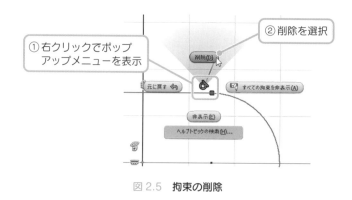

図2.5　拘束の削除

2.2　ジオメトリ拘束

2.2.1　ジオメトリ拘束とは

　ジオメトリ拘束は，スケッチジオメトリに幾何学的な条件を与えるもので，そのスケッチに必要な形状に関する条件を付加する機能です．たとえば，図2.6のように，線分に水平というジオメトリ拘束を付加すれば，その線分は水平でない場合には水平の状態になり，同時につねに水平を保つようになります．自動拘束の機能は，このジオメトリ拘束を自動的に付加する機能ですが，これだけですべてのジオメトリ拘束を都合よく追加することはできません．ほとんどの場合，ジオメトリ拘束を手作業で追加，削除する必要が出てきます．

ドラッグしても水平の状態を保ちます

図2.6　拘束の維持

2.2.2　ジオメトリ拘束の種類

　ジオメトリ拘束には，表2.1に示すように，さまざまなものがあります．ここでは，それぞれの拘束について説明します．また，これ以外の拘束に関連したものとして，■（拘束がある場合に表示される黄色の一致点を示す）や，🖋（参照：投影先のジオメトリと投影元のジオメトリとの関連を示す）などがあります．

　ジオメトリ拘束を追加するためには，図2.7のように，[**スケッチ**] タブの [**拘束**]パネルをクリックしてから拘束の一覧を表示して，該当する拘束を選択します．なお，[**拘束**] パネルの拘束アイコン🔽をクリックし，[**拘束設定**] を選択して [**推定配置**] タブで必要な拘束の**推定配置**を選ぶことで，拘束の自動適用を制御できます（図2.8）．

　それでは，つづいてそれぞれの拘束について図示しながら説明します．

表 2.1 ジオメトリ拘束の種類

拘束の種類	説明
╳ 直交	2 つの線分，または，だ円軸を直角になるように拘束します．
╱╱ 平行	2 つの線分，または，だ円軸を平行になるように拘束します．
○ 正接	線分と円，円弧どうし，または，円と円弧どうしが接するように拘束します．
∟ 一致	2 点が一致するように拘束，または，点を図形上に一致させます．2 つの円，円弧などの中心点を拘束すると同心円拘束と同じになります．閉じた図形を描く場合には必ず必要になる拘束です．
◎ 同心円	2 つの円や円弧の中心点を同じ位置に拘束します．
⟍ 同一直線上	2 つの線分，または，だ円軸を同一直線上に拘束します．
═ 水平	線分，だ円軸を水平に拘束します．または，2 つの点が X 軸から等しい距離になるように拘束します．
╣ 垂直	線分，だ円軸を垂直に拘束します．または，2 つの点が Y 軸から等しい距離になるように拘束します．
＝ 同一	選択した 2 つの図形の長さや円，円弧の半径を同じ値に拘束します．
🔒 固定	スケッチ座標系を基準とした位置に，点，図形そのものを動かないように固定します．
[|] 対称	同じ種類の線分や円，円弧を軸対象となるように拘束します．2 つのスケッチオブジェクトを選択した後に，対称軸として線分を指定します．
⟋ スムーズ (G2)	スプラインに曲率連続（G2）を適用します．

図 2.7 拘束の種類

図 2.8 拘束設定の推定配置

❖ **直交** ╳　図 2.9 のように，選択した 2 つの線分，曲線またはだ円軸を直角に拘束します．図 2.9 の実際の拘束を表示すると図 2.10 のようになり，**直交**だけでなくスケッチの過程でほかの拘束（**一致**，**水平**）が付加されていることがわかります．指定したもの以外のこれらの拘束は，**自動拘束**が機能して自動的に付いた拘束です．

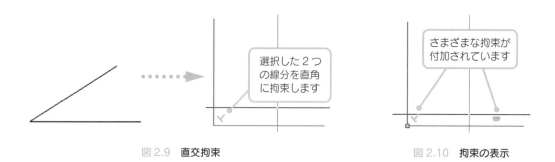

図2.9 直交拘束   図2.10 拘束の表示

‡ **平行** ∥   図2.11のように，選択した2つの線分またはだ円軸が平行になるように拘束します．**平行**に拘束されても，個々の要素は平行を保ちながら移動することが可能です．

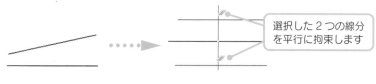

図2.11 平行拘束

‡ **正接** ◠   図2.12のように，選択した線分と円，円弧をスケッチ内で点を共有しなくても，互いに接線となるように拘束します．正接は通常，円弧を線分に拘束する場合に使用します．

図2.12 正接拘束

‡ **一致** └   図2.13のように，選択した2つの線分の端点を一致拘束するか，1点を曲線上に拘束します．3次元化する場合には，基本的に閉じたスケッチを作成することになるので，**一致**に拘束することが前提になります．円，円弧，またはだ円の中心点にこの拘束を適用すると，結果はつぎの**同心円**拘束と同じになります．

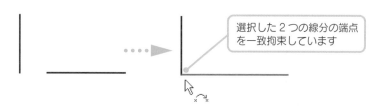

図2.13 一致拘束

❖ **同心円** ◎   図 2.14 のように，選択した 2 つの円弧，円，またはだ円を同一中心点に拘束します．

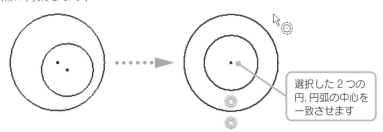

選択した 2 つの円，円弧の中心を一致させます

図 2.14　同心円拘束

❖ **同一直線上** ╱   図 2.15 のように，選択した一方の線分またはだ円軸を，片方の線分または線分の延長線上に合わせます．

選択した一方の線分を，他方の線分または線分の延長線上に合わせます

図 2.15　同一直線上拘束

❖ **水平** 〰   図 2.16 のように，線分，だ円軸，または 2 点をスケッチ座標系の X 軸と平行になるように拘束します．

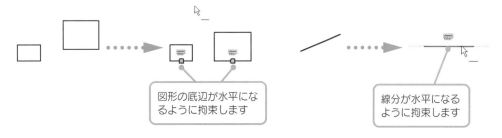

図形の底辺が水平になるように拘束します

線分が水平になるように拘束します

図 2.16　水平拘束

❖ **垂直** ⫰   図 2.17 のように，線分，だ円軸，または 2 点をスケッチ座標系の Y 軸と平行になるように拘束します．

中心点が垂直になるように拘束します

線分が垂直になるように拘束します

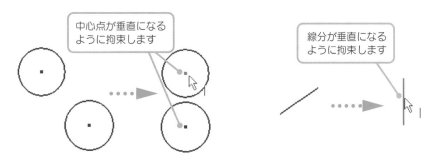

図 2.17　垂直拘束

❖ **同一 ═**　　図2.18のように，選択した円弧や円のサイズを同一の直径に，または選択した線分のサイズを同一の長さに変更します．

それぞれ線の長さ，直径が同じ値となるように拘束しています

図2.18　**同一拘束**

❖ **固定 🔒**　　図2.19のように，選択した点，直線，または曲線などを，スケッチ座標系を基準として固定します．

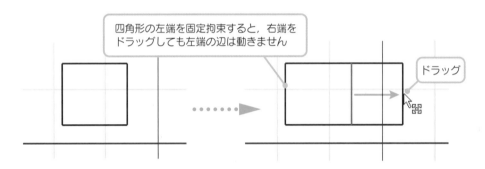

四角形の左端を固定拘束すると，右端をドラッグしても左端の辺は動きません

ドラッグ

図2.19　**固定拘束**

この拘束は，つぎのように作用します．

▶**線分**：位置と角度は固定，端点の移動は可能で，線分の長さも増減可能です．

▶**円，円弧**：中心点，半径は固定．円弧，線分の端点は，それぞれ円周または長さ方向に自由に移動可能です．

なお，固定された端点または中点を中心に，線分や円弧は回転可能ですが，円，だ円などの場合は，位置，サイズ，方向は固定となります．

❖ **対称 ⟨|⟩**　　図2.20のように，対称拘束は線分，円，または円弧を，対称軸となる選択した線分に対して対称になるように，位置やサイズを合わせます．

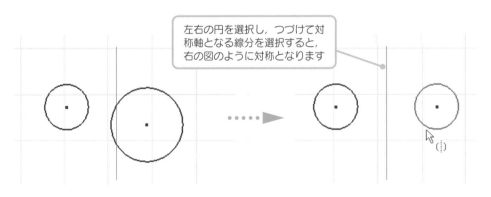

左右の円を選択し，つづけて対称軸となる線分を選択すると，右の図のように対称となります

図2.20　**対称拘束**

*スプライン（spline）: 複数の制御点を通る滑らかな曲線.

⁘ **スムーズ** ⤳   図 2.21 のように，スプラインと別の曲線との間に曲率連続（G2）条件を作成する拘束です．

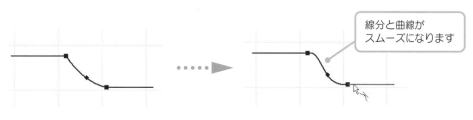

線分と曲線がスムーズになります

図 2.21   スムーズ拘束

2

過剰な拘束

　拘束を付加する場合に，「…スケッチが過剰拘束されます．…」というダイアログが表示されることがあります（図 2.22）．これは，既存の拘束のために新たな拘束を追加できない状態を示しています．**自動拘束**で意図しない拘束が付加されている場合などに表示されることがありますが，当該の過剰な拘束を削除すると解決します．

図 2.22   過剰な拘束

ジオメトリ拘束

ここでは，図 2.23 に示すようなラフスケッチに，**ジオメトリ拘束**を追加するレッスンにチャレンジします．

*ラフスケッチは，**自動拘束**が機能しないように Ctrl キーを押しながら作画します．

1 ラフスケッチで，図 2.23 のような図を描きます．手順としては，図 2.24 のように，[**線分**] で直線部分を描いてから半円部分を描きます．

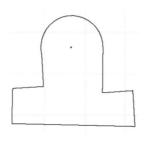

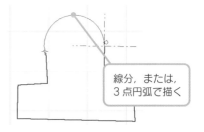

> 線分，または，
> 3 点円弧で描く

図 2.23 **ラフスケッチ**　　　　図 2.24 **半円の描画**

2 ラフスケッチに**ジオメトリ拘束**を付加します．まず図 2.25 のように，**水平**の拘束を水平な線の 3 箇所に適用します．つづけて図 2.26 のように，**垂直**の拘束を 4 箇所に適用します．

> 水平拘束

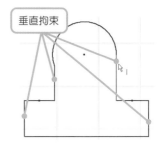

> 垂直拘束

図 2.25 **水平拘束の適用**　　　　図 2.26 **垂直拘束の適用**

3 図 2.27 のように，2 箇所の水平な線に**同一直線上**の拘束を適用します．つづけて，図 2.28 の**同一**の拘束を水平な線どうしの 2 箇所と，垂直な線どうしの 2 箇所に適用し，それぞれ同じ長さとなるようにします．

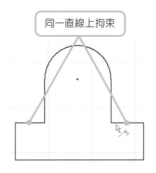

> 同一直線上拘束

> 垂直の線分どうし，水平の
> 線分どうしを同じ値に拘束

図 2.27 **同一直線上拘束の適用**　　　　図 2.28 **同一拘束の適用**

4 図 2.29 のように，半円と接する 2 箇所の垂直な線に **正接**拘束を付加します．これで拘束の付加が完了しました．右クリックして，図 2.2 のポップアップメニューから［**すべての拘束を表示**］を選択し，拘束を表示して，拘束の状況が図 2.30 のようになっているか確認します．

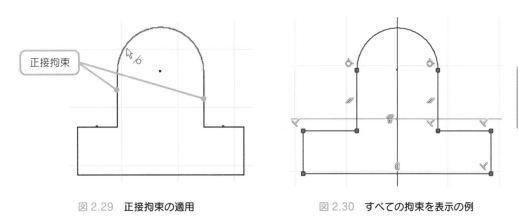

図 2.29　**正接拘束の適用**　　　　　図 2.30　**すべての拘束を表示の例**

5 また，図 2.31 のように，半円の部分や任意の線分をドラッグし，拘束がどのように付加されているかを確認してください．できあがったスケッチは，"**練習 2.ipt**" として保存します．

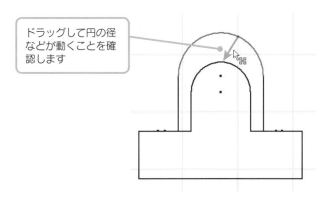

図 2.31　**ドラッグして拘束を確認**

2.3　寸法拘束

2.3.1　寸法拘束とは

　2 次元 CAD の設計では正確に寸法を指定しながら作図しますが，3 次元 CAD の Inventor では適当にラフスケッチで形状を描いてから寸法や角度を指定すると，それに合わせて図形の大きさも自動的に変更されます．このように，図形に正確な寸法や角度を指定することを**寸法拘束**といいます．また，このとき追加される寸法を**パラメトリック寸法**といいます．図 2.32 に寸法拘束の例を示します．

＊（　）内の数字は被駆動寸法を表し，直接編集はできません．

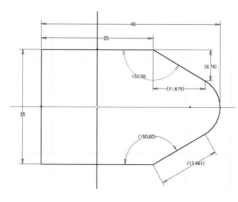

図 2.32　寸法拘束

2.3.2　寸法拘束の追加・編集・削除

◆　寸法拘束の追加

　寸法拘束を追加するには，図 2.33 のように，[**スケッチ**] タブ＞ [**拘束**] パネル＞ [**一般寸法**] ツールを使用します．長さ，径，角度のいずれの場合もこのツールを利用します．また，**寸法拘束**は，スケッチの作成中にも設定できますが，通常，図形のおおよその形状ができあがった段階で追加します．図 2.34 ～ 2.37 に，寸法を指定する例を示します．図 2.34 の例では，線分の長さを入力しています．このとき [**寸法編集**] ダイアログが開いて値を入力しますが，ダイアログに表示されている d0 は**パラメータ（変数）**を表しています（**コラム：パラメータの表示と編集**を参照）．この変数名は，作成の順番に Inventor が自動的に割り当てます．

クリック

図 2.33　一般寸法ツール

なお，寸法値を指定することで自動的にその寸法に合わせて図形が変形しますが，一度，寸法拘束を与えると，その拘束を削除するか，寸法値を変更するまで図形の長さや角度などを変更することはできなくなります．

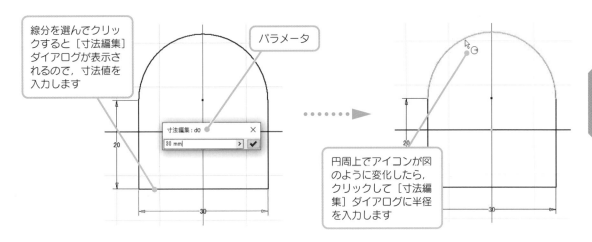

図 2.34 線分長さと円の径を指定

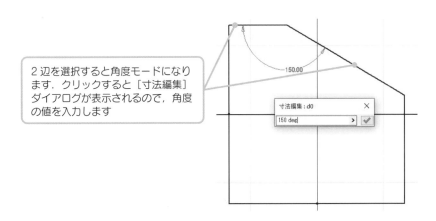

図 2.35 角度の指定

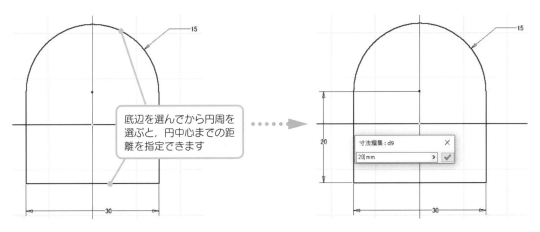

図 2.36 円中心までの距離を指定

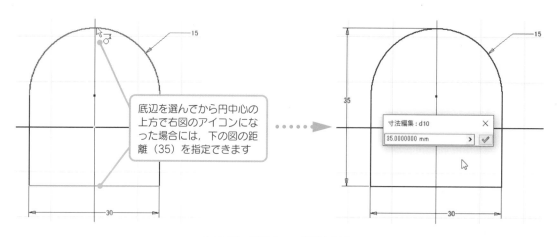

図 2.37　円端までの距離を指定

　また，[**寸法編集**] ダイアログが表示されている状態で既存の寸法をクリックすると，その寸法を参照した寸法となり，fx：30 のように表示されます（**同一寸法の参照**）．この寸法は，参照している寸法に合わせて自動的に変化します．

◆ 寸法拘束の編集

　寸法の値を編集する場合，[**寸法**] ツールが選択され，[**一般寸法**] のアイコンが凹んでいれば寸法値をクリックして，図 2.38 のように，[**寸法編集**] ダイアログに新しい値を入力します．[**一般寸法**] アイコンが凹んでいない場合には，数値をダブルクリックすると，同じく [**寸法編集**] ダイアログが表示されます．

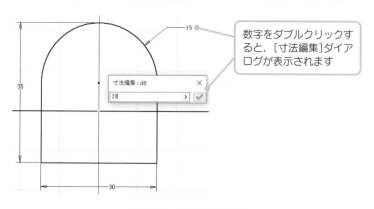

図 2.38　寸法拘束の編集

◆ 寸法拘束の削除

　寸法拘束を削除するには，該当する寸法を選んで Delete キーを押すか，または，右クリックしてメニューの [**削除**] を選択して，不要な寸法を削除します．右クリックで削除メニューが表示されない場合には，[**寸法**] ツールが選択された状態ですので，Esc キーを押すか右クリックから [**完了**] を選び，[**寸法**] ツールを終了してください．

レッスン2.2　寸法拘束

ここでは，図2.32で示した寸法拘束を追加するレッスンにチャレンジします.

*ラフスケッチは自動拘束を機能させて作画します.

1 図2.39のように，**線分**で直線部分を描きます. それぞれの線分に**直交**の拘束が付加されるように描きます. このとき点線が表示されますが，これは同じ位置関係にあることを示しています. つづけて図2.40のように斜線を引いてから，**線分**のままドラッグしながら円弧を描きます. その際，円弧の始点と終点を結ぶ点線が表示されるように描いてください.

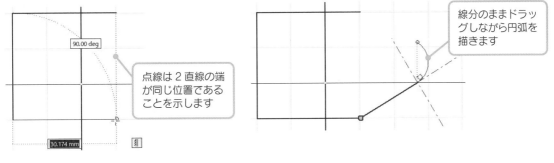

点線は2直線の端が同じ位置であることを示します

線分のままドラッグしながら円弧を描きます

図2.39　**直線部分の描画**　　　　　図2.40　**斜線と半円の描画**

2 図2.41のように，**線分**で斜線を描きます. 線分が確実に接続されて**一致**の拘束となるようにします. つづけて，図2.42のように，水平な線分どうしと斜線どうしにそれぞれ**同一**の拘束を付加します.

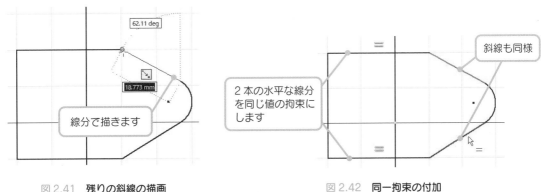

線分で描きます

2本の水平な線分を同じ値の拘束にします

斜線も同様

図2.41　**残りの斜線の描画**　　　　　図2.42　**同一拘束の付加**

3 図2.43のように，寸法拘束で各値（寸法と角度）を設定します. さらに，寸法拘束で角度を指定します. この場合，図2.44のように，下側の角度が（　）で囲まれていますが，この角度が参照のみ可能な被駆動寸法であることを示しています. 被駆動寸法になるかどうかは拘束の追加の手順に依存します.

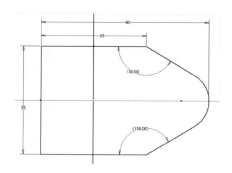

図2.43　寸法拘束の付加　　　　　　　　　　　　図2.44　角度の付加

4　図2.45のように，残りの寸法を**寸法拘束**で追加します．**被駆動寸法**が多くなりますが，これは**1**～**3**の手順ですでに他の拘束が付加され寸法が決まっているので，新たな拘束を追加できない状態になっているためです．完成したら，ファイル名"**練習3.ipt**"で保存します．

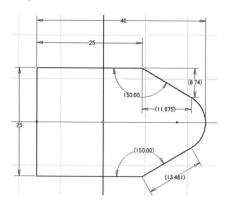

図2.45　完成したスケッチ

被駆動寸法

　スケッチに**寸法拘束**を付加しようとすると，図2.46のようなダイアログが表示されることがあります．これはすでに付加されている**ジオメトリ拘束**や**寸法拘束**の影響で，新たな**寸法拘束**を追加できない状態であることを示しています．この場合，適用ボタンをクリックすると，**被駆動寸法**となり，値が（　）で囲まれ，参照のみ可能ですが値を変更することはできません．これは，ほかの寸法によって相対的に値が決まることを意味します．また，アダプティブ機能（**4.5節**のコラムを参照）と組み合わせたい場合など，必要に応じて［**拘束**］パネルの 凸 で意図的に被駆動寸法にする場合もあります．なお，幾何拘束や寸法拘束などの指定により，ジオメトリの自由度がなくなると，線は紫色になり，ステータスバーには［**完全拘束**］と表示されます．

図2.46　被駆動寸法拘束の警告表示

パラメータの表示と編集

寸法拘束を付加するとその値が表示されます（被駆動寸法は，（ ）で囲まれて表示されます）．この寸法は，図2.47のように画面で右クリックしてポップアップメニューを表示させ，**[寸法の表示]＞[名前]**をクリックして表示設定を変えると，**パラメータ**を変数名（d0～d10）で表示することができます．

以下に説明するように，この変数を参照して値を決めることもできます．

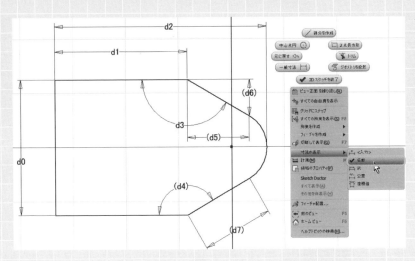

図 2.47　**寸法のパラメータの表示**

この変数名は，Inventor が自動的に割り付ける「d＋数字」の形式ですが，リボンの **[管理]** タブ＞ **[パラメータ]** ツール（f_x）をクリックして，**[パラメータ]** ダイアログの一覧表上で，その値とパラメータ名を編集することが可能です（図2.48）．d は dimension（寸法）を意味します．

たとえば，d3 を "角度" と漢字表記することも可能です．また，d2 の計算式をクリックして編集状態にして，d0＊2 という式を記入すると，つねに，d2 は d0 の 2 倍の値を維持するように指定することが可能です．

ところで，この図の例では，**[モデルパラメータ]** と **[参照パラメータ]** に一覧が分かれていますが，図からもわかるように，**[参照パラメータ]** の計算式の部分はグレー表示で被駆動寸法を表し，変更できないことを示しています．

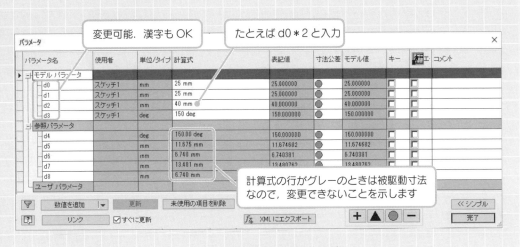

図 2.48　**パラメータのダイアログ**

演習問題

● **2.1** 図 2.49，2.50 に示すような拘束のスケッチを描きましょう．

＊被駆動寸法は，（ ）で寸法が表示されています．また，fx の付いた寸法は同じ寸法を参照しています．寸法2は直径を表します．ジオメトリ拘束は適宜付加してください．

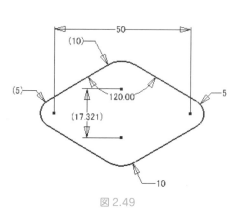

図 2.49

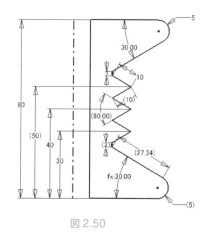

図 2.50

＊本文の表示と本問の変数名は，必ずしも一致しません．

● **2.2** 本文中で作成した図 2.51 に示すような拘束のスケッチをパラメータ表示にして，どのように変数名が割り当てられているかを調べてみましょう．

● **2.3** 図 2.51 のスケッチの [**パラメータ**] ダイアログを図 2.52 のように表示して，変数の値や変数名を変更し，パラメータ表示にしたときどのように表示されるかを確認しましょう．

● **2.4** 図 2.52 のパラメータ名を図 2.53 のような漢字のパラメータ名に変更して 2 つの変数の間に計算式を立てたときに，どのように図形が変化するかを確認しましょう．

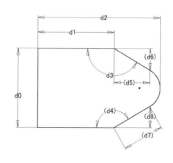

図 2.51

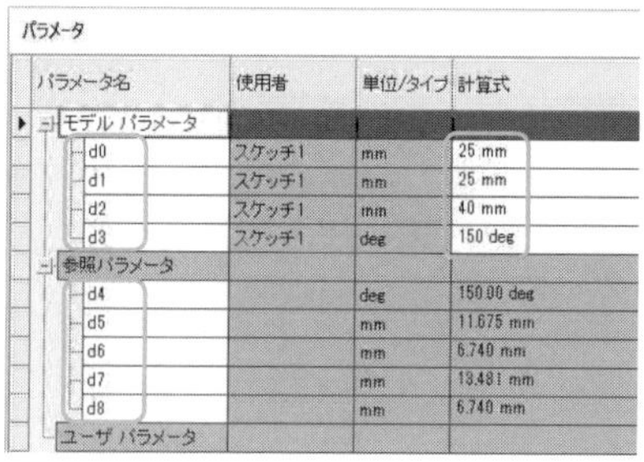

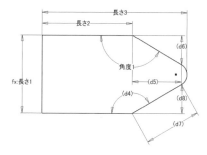

図 2.52

図 2.53

第3章

フィーチャ

この章では，立体化された形状を意味するフィーチャの作成手順について説明します．フィーチャを組み合わせることで複雑な形状を作成することが可能なので，3次元CADでは最も重要度の高い機能です．また，それぞれのフィーチャには多様なオプションが含まれていますが，最も利用頻度の高いフィーチャを中心に説明します．

この章で学習すること

- ☞ フィーチャの概要
- ☞ スケッチフィーチャ
- ☞ 配置フィーチャ
- ☞ フィーチャの変更
- ☞ 作業フィーチャ
- ☞ 演習問題【4題】

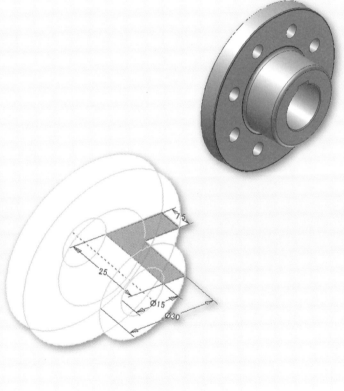

◆ ◆ ◆ コラム ◆ ◆ ◆

3.1　フィーチャの概要

＊フィーチャの説明の
ファイルは森北出版の
Webページからダウン
ロードできます．個別の
フィーチャのレッスンは
ありません．具体的な操
作はレッスン3.1〜3.2
で行います．

　フィーチャとは3次元CADでは立体化された形状を意味し，大別すると**スケッチフィーチャ**と**配置フィーチャ**に分けることができます．スケッチフィーチャは，断面図となる2次元図形をスケッチとして描き，そのスケッチに厚みを与えたり，回転させることで立体化します．一方，配置フィーチャは，主に，スケッチフィーチャで作成した立体の形状に対して，面取りや穴あけ，シェルやねじなどの形状の変化を与えるものです．

3.2　スケッチフィーチャ

3.2.1　スケッチフィーチャとは

　図3.1，3.2のように，2次元のスケッチジオメトリに対して**押し出し**，**回転**などのツールで立体の形状（**フィーチャ**）にしたものを**スケッチフィーチャ**といいます．これは3次元CADで最も基本となるフィーチャであり，このフィーチャに対して，**3.3節**で解説する穴あけや面取りなどの配置フィーチャを適用させて各種形状の部品を作成します．最初に作成されたスケッチフィーチャは，**基準フィーチャ**とみなされます．

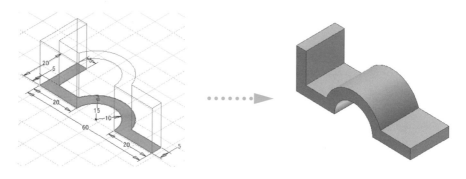

図3.1　押し出し

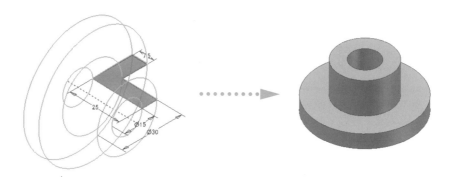

図3.2　回転

　　スケッチフィーチャには，図3.3に示すような［3Dモデル］タブ＞［作成］パ
ネルに表示される**押し出し**，**回転**，**リブ**，**ロフト**など多数のフィーチャがあります．
図3.4，3.5に，リブフィーチャ，ロフトフィーチャの例を示します．

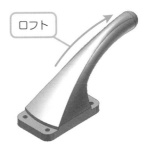

図3.3　作成パネル　　　　　図3.4　リブフィーチャ　　　　図3.5　ロフトフィーチャ

3.2.2　押し出しフィーチャ

　　押し出しフィーチャ（▇）は，**3.2.1項**で示
したように，スケッチに対して基本となる立体
化を行います．設定は，図3.6に示すプロパティ
パネルで行います．なお，プロファイルが1
個の場合には，**出力**セクションは表示されませ
ん．

　　入力ジオメトリ，**動作**，**出力**，**高度なプロパ
ティ**の各セクションには，押し出し対象のプロ
ファイルの選択や押し出しの開始位置，距離A，
終了位置や方向，押し出しの種類の操作，押し
出しの範囲，押し出しのテーパA（角度）など，
各種の設定項目があります．なお，中身のある
ソリッド（▢）か，中身のない**サーフェス**（▢）
の選択と**プレビュー**（👁）の設定は，ダイア
ログ上部右端の（▇👁）で指定します．ここ
では，主要な項目について説明します．

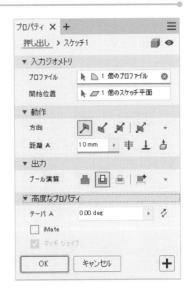

図3.6　押し出しフィーチャの
　　　　プロパティパネル

❖　**入力ジオメトリ**　プロファイルと開始位置を指定します．

◆　**プロファイル**　押し出し対象をアイコン（👆）で指定します．「1個のプロファ
　　イル」と表示されている場合は，対象のプロファイルは一つで，指定の必要
　　はありません．

◆　**開始位置**　押し出しの開始位置を指定します．

❖ **動作**　押し出しの方向と押し出す距離を指定します.

◆ **方向**　押し出し対象をアイコン（🔺）で指定します．図 3.7 のように，押し出しの方向は対象のプロファイル（網掛けの部分）に対してどの方向に押し出すかを指定します．図（c）では対称に振り分けて押し出しています．図（d）では非対称に振り分けて押し出しています.

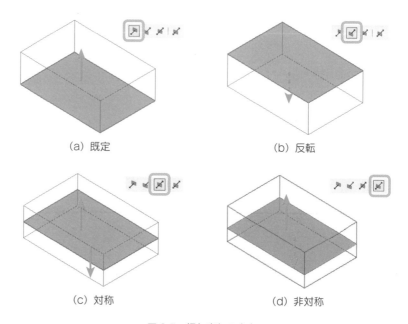

(a) 既定　　　　　　　　　　　　(b) 反転

(c) 対称　　　　　　　　　　　　(d) 非対称

図 3.7　**押し出しの方向**

◆ **距離 A**　図 3.8 のように，押し出す距離を**数値**や**貫通**，**終了位置**，**次へ**のフィーチャなどで指定します.

(a) **距離**　押し出しの距離を数値で指定します（図 3.9（a））.

(b) **貫通**　≢は，既存のモデルを切取操作で貫通するように押し出します（図 3.9（b））.

(c) **終了位置**　図 3.9（e）の指定のうち，⬇は指定した延長面まで押し出します．⬇は，終端面があいまいな場合に，押し出しを最も近い面で終了させるためにオンにします（図 3.9（c））.

(d) **次へ**　最も近いパーツ面または平面まで押し出します（図 3.9（d））.

図 3.8　**距離 A の指定**

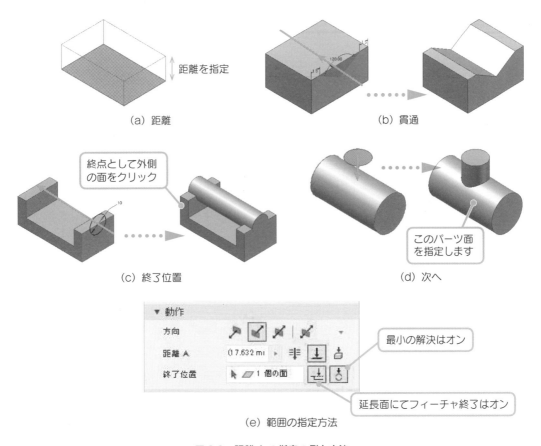

(a) 距離　　　　　　　　　　　　　　　　　(b) 貫通

(c) 終了位置　　　　　　　　　　　　　　　(d) 次へ

(e) 範囲の指定方法

図 3.9　**距離 A の指定の例と方法**

❖ **出力**　押し出しの出力方法を指定します.

　◆ **ブール演算**　図 3.10 のように,押し出しをどのように適用させるかを指定します.

　　(a) **結合**　押し出しフィーチャに,新たな押し出しフィーチャを追加します.

　　(b) **切り取り**　既存の押し出しフィーチャから,新たに押し出すフィーチャと重複する部分を削除します.

　　(c) **交差**　既存の押し出しフィーチャと新たに押し出すフィーチャの交差する部分から,新しいフィーチャを作成します. 交差しない部分のフィーチャは削除されます.

*テーパとは円柱側面が傾斜しているものです(例:工事用三角コーン).

❖ **高度なプロパティ**　テーパ A で出力のテーパ角度を入力します.

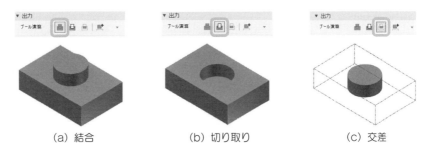

(a) 結合　　　　　　　　(b) 切り取り　　　　　　(c) 交差

図 3.10　**押し出し操作(ブール演算)**

3.2.3　回転フィーチャ

回転フィーチャ（🔄）のプロパティパ
ネルを図3.11に示します．ここには，
プロファイルの指定と回転軸を指定する
[入力ジオメトリ]，プロファイルの回転
角度を指定する[動作]など各種の設定
項目があります．ここでは，主要な項目
について説明します．

❖ **入力ジオメトリ**　押し出しとほぼ同
　様ですが，**回転**の対象を**プロファイ
　ル**（🔺）で指定します．**軸**は回転軸
　を指定します．

図3.11　**回転フィーチャのプロパティパネル**

❖ **動作**　押し出しフィーチャと同様です．スケッチを回転する場合に，どのよう
　に作用させるかを指定します．

　◆ **方向**　押し出しフィーチャと同様です．4種類の方向ボタンで**既定（左回り）**，
　　反転（右回り），**対称（両方向）**，**非対称（両方向）**を指定します．非対称では，
　　振り分けの**角度B**を表示するメニューが表示されます．

　◆ **角度A**　プロファイルを回転軸に対して指定角度だけ回転させます（図3.12
　　(a)）．**完全**（🔄）をクリックすると，プロファイルを回転軸に対して1回転
　　させます（図3.12(b)）．回転を**終了位置**，**次へ**も指定できます．

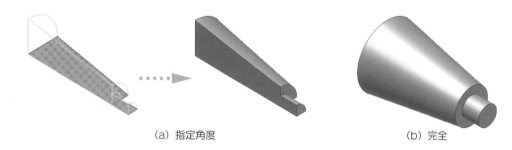

(a) 指定角度　　　　　　　　　　　　　　　　(b) 完全

図3.12　**回転フィーチャ**

❖ **出力**　押し出しの出力方法を指定します．スケッチを回転させる場合に，どの
　ように作用させるかを指定します．種類には，**ブール演算**として，図3.10の押
　し出しフィーチャ同様に，**結合**，**切り取り**，**交差**があります．

3.2.4　リブフィーチャ

リブフィーチャ（🔲）は押し出しフィーチャの一種で，開かれたスケッチプロファ
イルとパーツ面との間で構成される閉じたプロファイルを押し出します．ダイアロ
グを図3.13に示します．

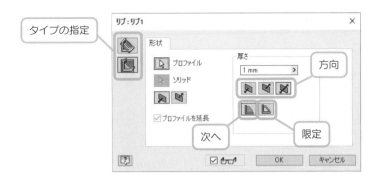

図 3.13　リブフィーチャのダイアログ

❖ **タイプの指定**　スケッチ平面に垂直（）は，厚さがスケッチ平面に対して平行です．**スケッチ平面と平行**（）は，厚さがスケッチ平面に対して垂直です．

❖ **形状**　スケッチ内の開いたプロファイルをアイコン（）で指定します．

❖ **厚さ**　リブの厚さを数値で指定します．

◆ **方向**（）はプロファイルの片側，または両側に同じ厚みで延長します．モデル内でプロファイルを閉じるようにカーソルを移動することで，リブの方向を指示できます．範囲が**限定**（）の場合，[**プロファイルを延長**]のチェックをオンにすると，プロファイルは面と交差するまで延長されます．オフにするとプロファイルは延長されません．

*スケッチ平面に垂直なリブをウェブといいます．

◆ **範囲**　**次へ**（）は，リブやウェブをパーツなどの面で終了します．**限定**（）は，リブやウェブの終端の距離を数値で設定します．適用結果を図3.14に示します．

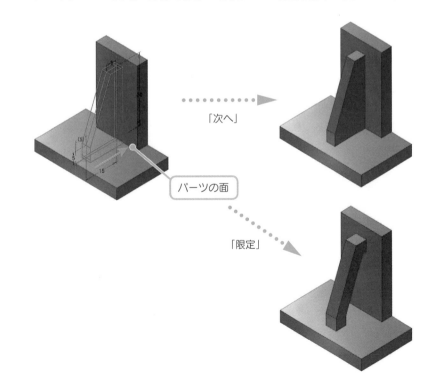

「次へ」

パーツの面

「限定」

図 3.14　リブフィーチャ

3.2.5　ロフトフィーチャ

　ロフトフィーチャ（⬛）は，曲線構造をもつパーツを作成する場合に用いられ，作業平面または平面にある複数のスケッチ上の2D，または3Dスケッチによる断面の形状をブレンドし，スムーズな形状に遷移します．

　図3.15に例を，図3.16にダイアログを示します．ロフトの曲面変化を定義するレールスケッチでは，曲面の形状を詳細に定義できます．[基準]，[条件]，[遷移]のタブがありますが，ここでは基本的な設定である[基準]タブについて説明します．

図3.15　ロフトフィーチャ　　　　　　　図3.16　ロフトフィーチャのダイアログ

❖　**基準**　断面やレールの追加などロフトの基本的な設定を行います．

◆　**断面**　ロフトの形状を定義する断面（断面の例：図3.17）をクリックして追加し，形状を構成します．断面は図3.16のように，スケッチまたは**エッジ**で示されます．2Dまたは3Dスケッチの閉じた曲線，パーツ面の閉じた面ループが断面として使用できます．

◆　**レール**　形状をさらに細かくコントロールするために，各断面形状上の点を通る2D曲線，または3D曲線をレールとして用います．レール曲線は断面と交差している必要があります．必要に応じて，ロフト断面に垂直で断面の中心を通る**中心線**や，中心線と同様に特定の点の断面積を制御できる**エリアロフト**を使用します．

◆　**出力**　ソリッド（◻）か**サーフェス**（◻）を指定します．一般には，ソリッドを指定します．

◆　**操作**　ほかのフィーチャとどのようにフィーチャを形成するかを指定します．基本的な働きは，図3.10の押し出しフィーチャと同様です．

　・**結合**：ほかのフィーチャに作成したロフトを追加します．

　・**切り取り**：ほかのフィーチャから作成したロフトと重複する部分を削除します．

　・**交差**：作成したロフトとほかのフィーチャの交差する部分から，新しいフィーチャを作成します．交差しない部分のフィーチャは削除されます．

◆　**閉じたループ**　ロフトを定義する最初の断面と最後の断面を結合して，閉じたループを形成します．レール曲線が指定されている場合は利用できません．

＊レッスン3.2にこのロフトフィーチャの練習用作図があります.

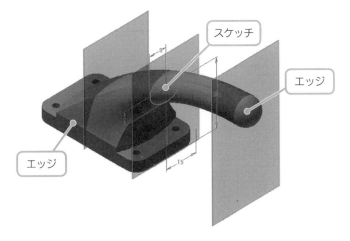

図 3.17　ロフトの断面の例

◆ **接面を結合**　ロフトの面を，フィーチャの接面間にエッジが作成されないように結合します.

3.2.6　スイープフィーチャ

スイープフィーチャ（📇）は，パスに沿ってプロファイルをスイープしてフィーチャを作成します. プロパティパネルを図 3.18 に示します.

断面形状のスケッチと，押し出す方向を示すパスが必要になります（図 3.19）.［**タイプ**］でパス，平行などを指定します. フィーチャの例を図 3.20 に示します.

✥ **入力ジオメトリ**　プロファイルとパスを指定します.

◆ **プロファイル**　指定したパスに沿ってスイープするプロファイルを指定します. 複数のプロファイルを選択するには，Ctrlキーを押しながらつづけて選択しますが，プロファイルどうしは交差できません.

図 3.18　スイープフィーチャのプロパティパネル

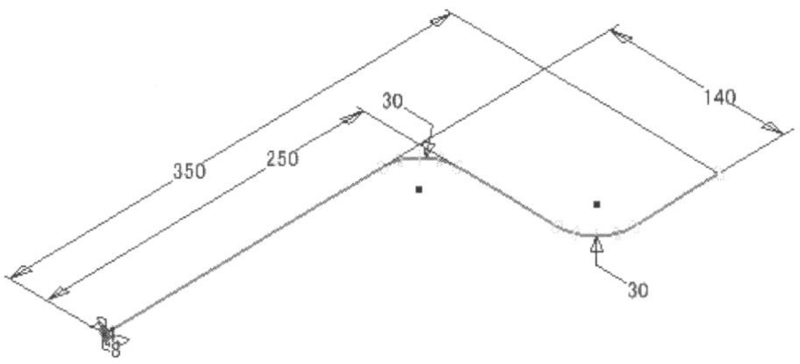

図 3.19　スイープのパス

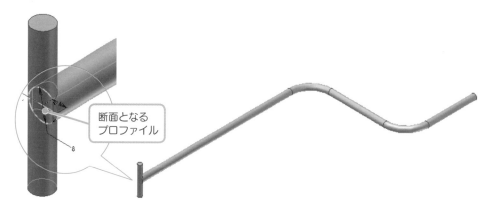

断面となる
プロファイル

図 3.20　**スイープ**

◆ **パス**　パスに沿ってプロファイルをスイープして，スイープフィーチャを作成します．スイープフィーチャの軌道と端点を設定しますが，対象となるプロファイルは，すべての点でパスと垂直である必要があります．

❖ **操作**　複数のソリッドがある場合に表示されます．基本的な働きは**押し出しフィーチャ**と同様です．

◆ **結合**　ほかのフィーチャに作成したスイープフィーチャを追加します．アセンブリ環境では使用できません．

◆ **切り取り**　ほかのフィーチャから作成したスイープフィーチャと重複する部分を削除します．

◆ **交差**　作成したスイープとほかのフィーチャの交差する部分から，新しいフィーチャを作成します．交差しない部分のフィーチャは削除されます．アセンブリ環境では使用できません．

◆ **新規ソリッド**　新しいソリッドボディを作成します．既存のソリッドボディを用いて，パーツファイル内に新しいボディを作成する際に選択します．

❖ **動作**　スイープのタイプを指定します．［パスを追跡］，［パス＆ガイドレール］，［パス＆ガイドサーフェス］の 3 種類があります．

◆ **方向**　スイープパスに対してスイーププロファイルを一定に保つ［パスを追跡］と，もとのプロファイルに対してスイーププロファイルを平行に保つ［固定］，［ガイド］の 3 つがあります．

3.3 配置フィーチャ

3.3.1 配置フィーチャとは

スケッチフィーチャと異なり，スケッチを必要としないフィーチャを**配置フィー チャ**といい，スケッチフィーチャに対して穴あけや面取りなどのフィーチャを適用 させて各種形状の部品を作成するのに使用します．

図 3.21 〜 3.26 に示すように，種類としては，**[穴]**，**[フィレット]**，**[面取り]**，**[シェル]**，**[ねじ]**，**[矩形状パターン]**，**[円形状パターン]** など多様なものがあります．ここでは，図 3.22，3.23 に示す**フィレット**や**面取り**など，用途の広い主要な配置 フィーチャを中心に説明します．

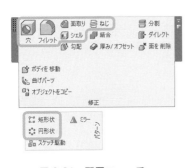

図 3.21 **配置フィーチャ**

図 3.22 **フィレット**

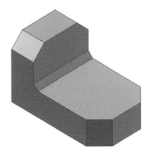

図 3.23 **面取り**

図 3.24 **穴**

図 3.25 **矩形状パターンとシェル**

図 3.26 **円形状パターン**

3.3.2 フィレットフィーチャ

フィレットフィーチャ（🔵）のダイアログとミニツールバーを図 3.27 に示します．タイプには，エッジフィレット，面フィレット，フルラウンドフィレットがあります．ここではエッジフィレットについて説明します．また，フィレットの種類に応じて**[固定]**，**[徐変]**，**[セットバック]** のタブがあり，フィレットの対象となるエッジ の指定と半径などを指定します．ここでは，それぞれの種類ごとに説明します．

タイプの指定

ミニツールバー

図 3.27　フィレットフィーチャのダイアログ

❖ **固定**　図 3.28 のように，指定したエッジに固定半径のフィレットを追加します．半径が同一の場合には，図 3.29 のダイアログで一度に複数のエッジを連続して選択できます．エッジの欄には選択したエッジの数が表示されます．

　◆ **モード選択**　フィレットの指定方法を以下で選択します．
　　・**エッジ**：単一のエッジまたは連続するエッジを対象とします．半径には，接線フィレットとスムーズ（G2）フィレットがあります．
　　・**ループ**：面上の閉じたループを対象とします．
　　・**フィーチャ**：フィーチャのエッジのうち，そのフィーチャと別の面との交点から作成されていないエッジをすべて対象とします．
　◆ **ソリッド**　マルチボディパーツ内の関与したソリッドを指定します．
　　・**すべてをフィレット**：未選択の凹状のエッジとコーナーのすべてを対象とします．
　　・**すべてをラウンド**：未選択の凸状のエッジとコーナーのすべてを対象とします．

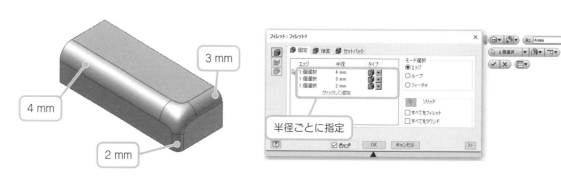

3 mm

4 mm

2 mm

半径ごとに指定

図 3.28　固定のフィレット

図 3.29　固定の指定

❖ **徐変**　図 3.30 のように，徐々に変化するフィレットを追加します．図 3.31 のダイアログで，両端のエッジを選択後にエッジ間の変化する点を追加します．位置は開始点からの相対的な位置を指定し，0.5 ならエッジ間の中央になります．**[スムーズな半径の遷移]** をチェックすると，異なる半径のフィレットどうしを滑らかにブレンドできます．

❖ **セットバック**　図 3.32 のように，既存の交差するエッジ上のフィレットの遷移を指定します．図 3.33 のダイアログで，各エッジに異なるセットバックを指定できます．

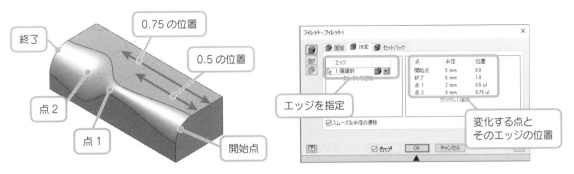

図 3.30　徐変のフィレット

図 3.31　徐変の指定

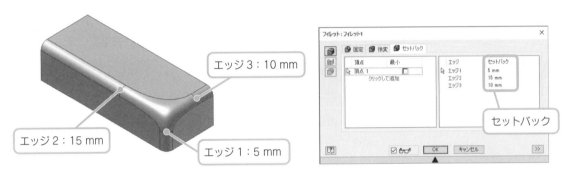

図 3.32　セットバック

図 3.33　セットバックの指定

3.3.3　面取りフィーチャ

　面取りフィーチャ（◉）は，図 3.34 のダイアログで行い，その方法には［**距離**］，
［**距離と角度**］，［**2 つの距離を指定**］があります．ここではそれぞれの方法につい
て説明します．

図 3.34　面取りフィーチャのダイアログ

　✥ **方法**　面取りのタイプによってエッジの指定方法が異なり，ダイアログも変化
　します．

　◆ **距離**　選択したエッジから，同じオフセット距離で面取りを作成します（図
　3.35）．**単一のエッジ**，**複数のエッジ**，または**チェーン化したエッジ**が選択で
　きます．矢印アイコンを直接ドラッグして変えることができます．

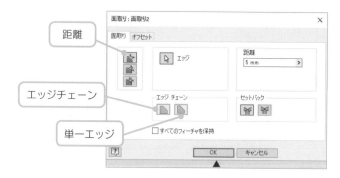

図 3.35 距離指定の面取りのダイアログ

- **エッジチェーン**：エッジチェーンボタン（▣）をクリックすると，図 3.36 のように，自動的に選択したエッジと接点を共有するすべてのエッジを連続して面取りできます．**単一エッジ**ボタン（▣）をクリックすると，連続しなくなります．

- **セットバック**：3 つの面取りエッジがコーナーで交わるときのコーナーの外観を，ボタンの図のように設定します．▧は面取りを平らなコーナーで結合し，▧はコーナーを交点で結合します．

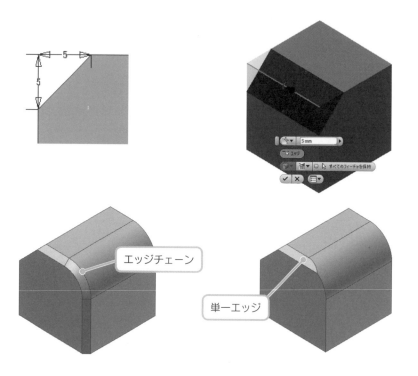

図 3.36 距離指定の面取り

◆ **距離と角度** 図 3.37，3.38 のように，選択した面に対して面取りする角度と，エッジからのオフセットの距離を設定します．矢印をドラッグすると，距離と角度を変えることができます．

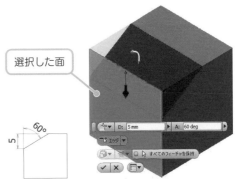

図 3.37　距離と角度指定の面取りのダイアログ

図 3.38　距離と角度指定の面取り

◆ **2つの距離を指定**　図 3.39，3.40 のように，面ごとに異なるオフセット距離で1つのエッジを挟んで，面取りを作成します．**方向**（ ）をクリックすることで，距離1と距離2の面が入れ替わります．矢印アイコンを直接ドラッグすると距離を変えることができます．

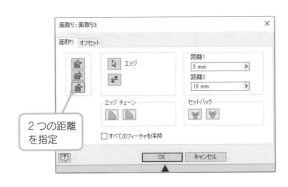

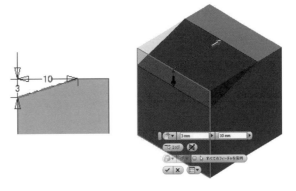

図 3.39　2つの距離を指定の面取りのダイアログ

図 3.40　2つの距離を指定の面取り

◆ **面取りオフセット**　図 3.41 のように，オフセットの押し出しの量を左右からどのように適用させるかを指定します．たとえば，図 3.42 のように面取りされます．

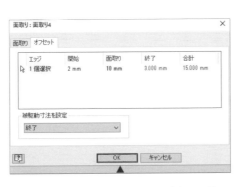

図 3.41　面取りオフセットのダイアログ

図 3.42　面取りオフセット

3.3.4　穴フィーチャ

　図 3.43 のように，フィーチャに穴をあけます．**穴フィーチャ**（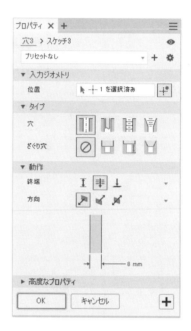）のプロパティパネルを図 3.44 に示します．ねじ穴をあけることもできます．穴の位置を配置する方法には，**面**，**スケッチ点**（**端点**または**中点**），**作業点**があります．プリセットには，定義済みのフィーチャや最後に使用した穴の定義が一覧表示されます．

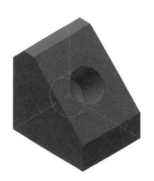

図 3.43　穴フィーチャ

図 3.44　穴フィーチャのプロパティパネル

❖ **入力ジオメトリ**　位置（ ▶ ╫ 位置を選択 ）で，穴の配置を指定します．面をクリックして，対象となるボディを選択します．有効となるのは，面，スケッチ点（端点，または中点），作業点です． ⊞ をクリックすることで，中心点の作成のオン / オフを制御します．点をクリックして穴中心を配置し，面，平面，直線状エッジを選択して穴の方向を定義します．

❖ **タイプ**　図 3.45 のように，大きく分けて**穴**と**ざぐり穴**があります．穴には**単純穴**，**ボルト穴**，**ねじ穴**，**テーパねじ穴**があり，ざぐり穴には**ざぐり**，**ざぐり（SF）**，**皿面取り**があります．これらから穴のタイプ（種類）を選びます．選択した穴のタイプに対応して，プロパティが動的に変化します．また，下部に形状のプレビューが表示されます．この図上で，ドリルの径や深さなどの寸法や角度のパラメータを指定します．

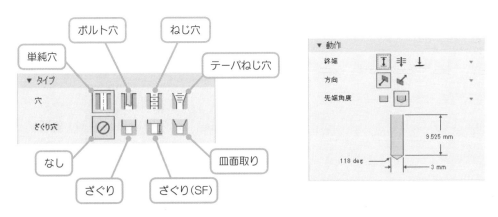

図 3.45 穴のタイプとプレビュー

◆ **単純穴** ねじ溝のない単純な穴のオプションを設定します．図 3.46 のように，つぎの設定をします．
　　・**終端**：穴の深さ，貫通する穴，終点などで終端方法を指定します．
　　・**方向**：穴の方向を指定します．
　　・**先端角度**：貫通穴以外では，キリ先端の形状をフラットのままか，または角度を選択して先端角度を設定します．

◆ **ボルト穴** 図 3.47 のオプションで，ねじのタイプを選択します．通常は，貫通している標準的な穴です．ボルトなどの締結部品に合う穴を作成します．また，単純穴と同様に，動作の各種設定をします．

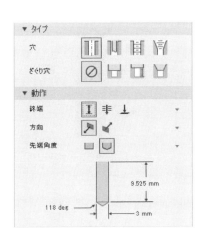

図 3.46 単純穴のオプション

図 3.47 ボルト穴のオプション

◆ **ねじ穴** 図 3.48 のオプションで，ねじのタイプ，サイズなどを選択し，ねじ溝のある穴を作成します．

◆ **テーパねじ穴** 図 3.49 のオプションで，ねじのタイプ，サイズなどを選択し，ねじ溝のある穴を作成します．

図 3.48　**ねじ穴のオプション**

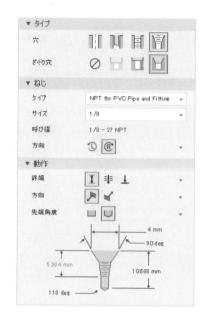

図 3.49　**テーパねじ穴のオプション**

◆ **ざぐり**　穴の直径，ざぐりの直径，ざぐりの深さの値を指定します．

◆ **ざぐり（SF）**　穴の直径，ざぐり（SF）の直径，ざぐり（SF）の深さの値を
　　指定します．

◆ **皿面取り**　穴の直径，皿面取り径，皿面取り深さの値を指定します．

⁂ **動作**　図 3.50 に示す各アイコンをクリックして，終端と穴の方向を指定します．

◆ **終端**　穴の終端を指定します．
　　・**距離**：値を入力し穴深さを指定します．
　　・**貫通**：すべての面を貫通する穴を開けます．
　　・**終点**：終点となる平面の深さの穴を開けます．

◆ **方向**　穴の方向を指定します．**方向 1（既定）**，**方向 2（反転）**，**対称**で指定し
　　ます．対称は穴の種類によってはありません．

◆ **先端角度**　フラット（▢）か，選択した角度（▣）かを選べます．

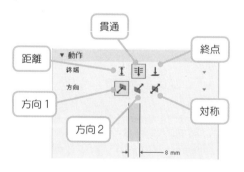

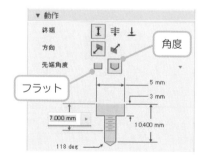

図 3.50　**動作**

特に単純穴の場合で，穴の配置の仕方とその具体例を，以下に挙げます．

◆ **同心円で配置した穴**　選択された面にある円形状エッジ，または円柱状に対して，同心円の穴をあけます．**パラメータマニュピレータ**をマウスで操作することで，穴の配置，径，深さなどがプロパティパネル上で変化し，直接修正できます（図 3.51）．

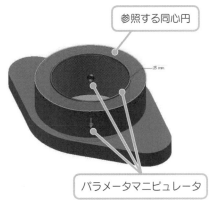

図 3.51　**同心円で配置**

◆ **点上で配置した穴**　作業点を穴中心とし，エッジ，軸，作業平面などを選択し，穴の方向を決めます．図 3.52 では，3 平面による点の作業点を設定しています．

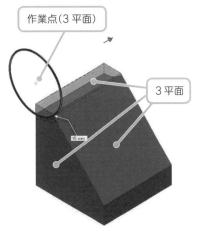

図 3.52　**点上で配置**

◆ **エッジからの距離を指定した穴**　平面上にある 2 つの線分のエッジから円中心までの距離を指定し，穴をあけます．図 1.30 で行ったのがこの指定です．

◆ 穴作成の一例

準備として，図3.53の①のような図をあらかじめ作成します．

・まず，[**XZ plane**] にスケッチ平面を作成し，W20 × L16 × H20 の直方体を描きます．底面の中心を CP と一致させます．

・つぎに，14 mm 45 度と 3 mm 45 度の面取りをします．以下の手順で穴あけを作成します．

　① リボンで [**穴**] ツール（◎）をクリックし，穴を配置する面をクリックします．

　② 直線状のエッジをクリックし，距離を入力します．

　③ ②同様に，直線状のエッジをクリックし，距離を入力します．

　④ [**穴**] プロパティパレットでオプションを選択し，[**OK**] をクリックします．

　また，⑤のように穴の形状を確認するには，ブラウザで [**XY Plane**] をクリックし，スケッチ平面として，右クリックし，メニューの [**切断して表示**] をクリックします．

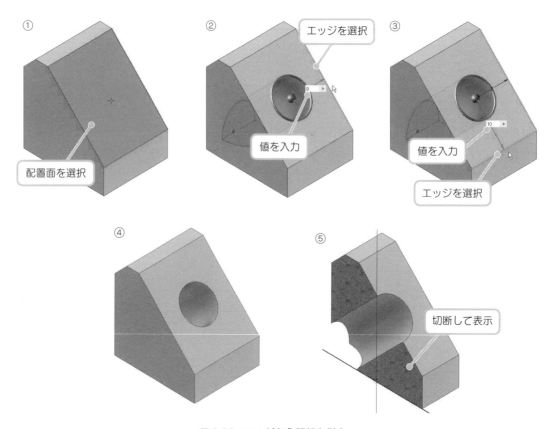

図 3.53　**エッジから距離を指定**

パターンフィーチャ

パターンフィーチャは，図 3.54，3.55 のように，同じ穴のフィーチャを規則性をもって複数配置する場合に，既存のフィーチャを繰り返し複写し，パターン化するものです．パターンフィーチャでは，オリジナルのフィーチャを更新すると複写で作成されたフィーチャ（これを**オカレンス**（**4.4.3 項**のコラム参照）といいます）も自動的に更新されます．パターンフィーチャには，[**矩形状パターン**]ツールと[**円形状パターン**]ツールがあります．

図 3.54　**矩形状パターン**　　　　図 3.55　**円形状パターン**

◆ **矩形状パターンツール**

矩形状パターンツール（⊞）は，1 つ，または複数の選択したフィーチャを列方向の数と行方向の数を指定して，矩形状に一定の間隔で複写するか，1 または 2 方向の直線のパスに沿って複写します．線分，円弧，スプライン，トリムしただ円なども行，列の指定に使用できます．

[**矩形状パターン**]ツールのダイアログを図 3.56 に示します．パターンタイプ，パターンの対象，複写方向となるエッジ・軸，複写の個数・間隔を指定します．

❖ **パターンタイプ**　図 3.56 のように，パターンタイプには個々のソリッドフィーチャと作業フィーチャをパターン化する**個々のフィーチャをパターン化**（⬛）と，個別にパターン化できないフィーチャを含めたソリッドボディ全体が自動的に選択される**ソリッド全体をパターン化**（⬛）があります．

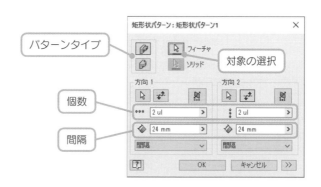

図 3.56　**矩形状パターンツールのダイアログ**

- ❖ **フィーチャ**　パターン化する対象を，[フィーチャ]（🖱）で指定します．
- ❖ **ソリッド**　複数のソリッドボディを含むパーツファイルを対象として，[ソリッド]（🖱）で指定します．
- ❖ **方向1，2**　図3.57のように，それぞれ列方向，行方向の選択したフィーチャの複写方向を表すエッジ・軸で，またはパスの**方向1・2**のアイコン（🖱）で指定します．矩形状パターンとするには両方を指定しますが，直線状のパターンとする場合には片方のみ指定します．向きは**反転**（⇄）のアイコンで変更します．また，もとのフィーチャの両側に分散するには，**中点平面**（⬚）をチェックします．

- ◆ **列・行の個数**　列・行，または直線のパスのオカレンスを1以上の数で指定します．
- ◆ **列・行の間隔**　複写されるフィーチャどうしの間隔，または距離などを1以上の数で指定します．
  - ・**距離，間隔，カーブ長**：ドロップダウンメニューから選択します．列の全体距離または複写されるフィーチャどうしの間隔を指定するか，選択した曲線の長さに均等にフィットさせるように1以上の数で指定します．

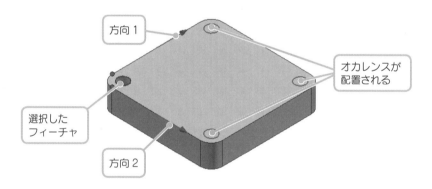

図3.57　矩形状パターン

◆ **矩形状パターンフィーチャの配置例** ─────────

パーツ内にある既存のフィーチャをコピーして，矩形状に複数配置します．
準備として，図3.58のような図をあらかじめ作成します．

- ・まず，W（幅）200 mm × L（横）100 mm × H（高さ）5 mm の直方体を作成します．[**XZ plane**]にスケッチ平面を作成し，底面の中心をCPと一致させます．
  - ※ CPに一致させるには，縦方向の線分の中央の緑点を垂直拘束でクリックし，モデルブラウザのCenter Pointをクリックします．横方向についても，同様に行います．
- ・つぎに，図の位置に，角を2 mmのフィレットにしたW20 mm × L10 mmの長方形を描き，[**押し出し**]で高さ5 mm立体化した後に，頭部を半径2 mmのフィレットとした立体を作成します．

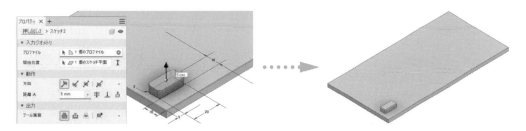

図 3.58　パターン化するフィレットの作図

・そして，以下の手順でコピーと配置をします．

① ［3D モデル］＞［パターン］＞［矩形状パターン］ツールをクリックします．

② プロパティパレットの［フィーチャ］ボタンが選択された状態で，押し出したフィーチャとフィレットを個別にクリックするか，［モデルブラウザ］の［押し出し 2］と［フィレット 1］をクリックし選択します．

③ ダイアログの［方向 1］，［方向 2］ボタンをクリックして，図 3.59 のように，2 箇所エッジを指定すると，配置の想定図が示されます．

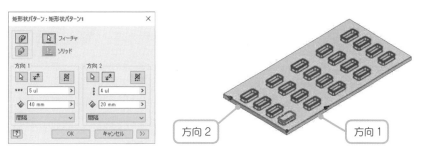

図 3.59　パターンフィーチャの配置

④ ③で方向を指定するのに合わせて，コピーする数と距離をそれぞれ入力し，［OK］をクリックすると，図 3.60 のようにコピーと配置が完了します．

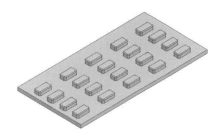

図 3.60　パターンフィーチャの完成

◆ 円形状パターンツール

　円形状パターンツール（⚙）は，1 つ，または複数の選択したフィーチャの個数と間隔を，円弧や円の形に沿って配置するように指定します．［円形状パターン］ツールのダイアログを図 3.61 に，例を図 3.62 に示します．ここで，配置するフィーチャの数，配置角度などを指定します．

❖ **パターンタイプ**　矩形状パターンと同様に，**個々のフィーチャをパターン化**（🖼）と**ソリッド全体をパターン化**（🖼）のどちらかを指定します．

❖ **フィーチャ・回転軸**　対象となるフィーチャをフィーチャ（🖼）で選択し，必要に応じて回転軸を指定します．また，反転（🖼）でパターンの向きを反転させます．

❖ **配置**　複写する個数，フィーチャの展開角度，パターンの向きを指定します．
  ・**個数**：コピーする個数を指定します．
  ・**角度**：フィーチャの展開する角度を指定します．
  ・**中点平面**：もとのフィーチャの両側に，フィーチャのオカレンスを分散するように指定します．

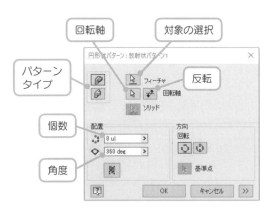

図 3.61　円形状パターンツールのダイアログ

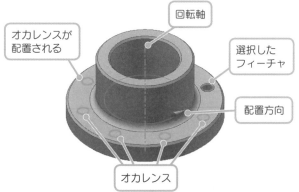

図 3.62　円形状パターン

◆ **円形状パターンフィーチャの配置例**

パーツ内にある既存のフィーチャをコピーして，円形状に複数配置します．
準備として，つぎのような図をあらかじめ作成します．
  ・まず，直径 50 mm，厚み 5 mm の円柱直方体を作成します．[**XZ plane**] にスケッチ平面を作成し，円の中心を CP と一致させます．
  ・つぎに，図 3.63（a）のようにコピー元となる弧状長円を描き，[**押し出し**] で図 3.63（b）のように穴をあけます．

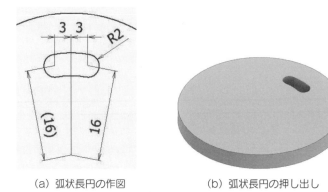

（a）弧状長円の作図　　　　　（b）弧状長円の押し出し

図 3.63　コピー元の図の作成

・そして，以下の手順でコピーと配置をします．

① ［3D モデル］＞［パターン］＞［円形状パターン］ツールをクリックします．

② プロパティパレットの［フィーチャ］ボタンが選択された状態で，切り取ったフィーチャをクリックし選択します．

③ ダイアログの［回転軸］ボタンをクリックして，図 3.64（a）のように円周を指定すると，配置の想定図が示されます．

④ ③で方向を指定するのに合わせて，コピーする数と角度をそれぞれ入力し，［OK］をクリックすると，図 3.64（b）のようにコピーが完了します．

※ ［方向］＞［固定］とすると，図 3.64（c）のように，フィーチャの向きが固定のままコピーされます．

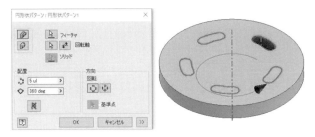

(a) 円形状パターンの指定

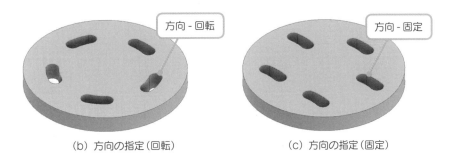

(b) 方向の指定（回転）　　　　　　　　(c) 方向の指定（固定）

図 3.64　**方向の指定の違い**

3.3.6 ## シェルフィーチャ

シェルフィーチャ（▢）のダイアログを図 3.65 に，その例を図 3.66 に示します．既存のフィーチャの削除する部分を［**除去する面**］で指定します．シェルの肉厚を［**厚さ**］で設定します．また，左端の方向ボタンでシェルとなる面の形式についても指定します．

図 3.65　シェルフィーチャのダイアログ

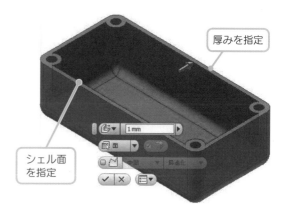

図 3.66　シェルフィーチャ

❖ **除去する面**　シェルにするために除去したいパーツ面を選択します．選択していない面はシェルの壁となります．[**面の自動チェーン**]をチェックすると，隣接する複数の連続面を自動選択します．

❖ **厚さ**　シェルの壁の厚さを数値で指定します．壁の厚さは一律になりますが，既存の壁の厚みを変更したい場合には，≫ボタンをクリックしてその壁を選択してから，厚さを数値で指定します．

❖ **方向**　シェルの壁の方向を選択したパーツ面を中心に，**内側**，**外側**，**両方**の各方向から指定します．

❖ **詳細**　シェルの近似値の許可と近似方法などを指定します．

◆ **シェルフィーチャの配置例** ───────────────────

パーツ内の材料を削除して，空洞化して，シェル構造（図 3.67）を作成します．準備として，以下のような図をあらかじめ作成します．

・W（幅）200 mm × L（横）100 mm × H（高さ）30 mm の直方体を作成します．[**XZ plane**]にスケッチ平面を作成し，底面の中心を CP と一致させます．

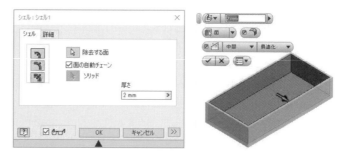

図 3.67　シェルフィーチャの指定

・以下の手順で，シェル構造を作成します．
　① ［3D モデル］＞［修正］＞［シェル］ツールをクリックします．
　② ダイアログの厚さを 2 mm にし，除去する上面をクリックします．
　③ 必要に応じて側面の一部を削除することもできます（図 3.68）．モデル
　　 ブラウザのシェル［シェル 1］をダブルクリックし，編集モードにします．
　④ ダイアログの［除去する面］をクリックして，不要な面を除去します．

図 3.68　シェルフィーチャの除去

3.3.7　ミラーフィーチャ

　　ミラーフィーチャ（🔲）は，選択したフィーチャを対称面に対して反転コピーします．［ミラー］ツールのダイアログを図 3.69 に示します．

❖ **パターンタイプ**　円形状パターンツールと同様に，**個々のフィーチャをミラー**（📋）と**ソリッドをミラー化**（📋）のどちらかを指定します．

❖ **フィーチャ・対称面・ソリッド**　図 3.70 のように対象をフィーチャ（🔍）で指定します．対称面には，直線エッジ，平坦なサーフェス，作業平面・作業軸などが指定できます．対象が 1 つなら，アイコンが凸の状態で指定の必要はありません．ソリッドには，マルチボディパーツで，ミラーの対象のソリッドボディを選びます．

❖ **基準平面**　対称面として，基準平面［YZ 平面］［XZ 平面］［XY 平面］のいずれかを選択します．

＊マルチボディパーツとは，複数のソリッドボディが格納されているパーツファイルを指します．

図 3.69　ミラーフィーチャのダイアログ

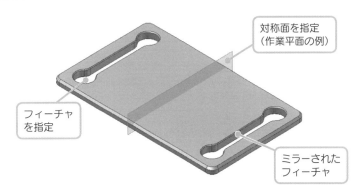

図 3.70　ミラーフィーチャ

◆ ミラーフィーチャの配置例

パーツの穴にミラーフィーチャを適用した例を作成します.

準備として，図 3.71 (b) のような図をあらかじめ作成します.

- 図 3.71 (a) のスケッチを元に直方体を作成します．[XY plane] にスケッチ平面を作成し，左隅を CP と一致させます.
- [3D モデル] > [作成] > [押し出し] ツールでクリックし，ダイアログの厚さを 30 mm にし，押し出します（図 3.71 (b)）．出来上がったフィーチャの角には，5 mm のフィレットを適用しています.

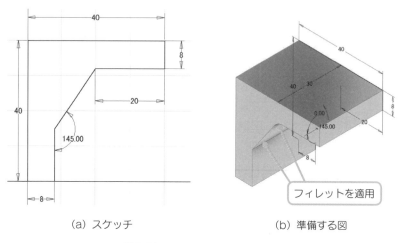

（a）スケッチ　　　　　　　　　　（b）準備する図

図 3.71　ミラーフィーチャの元図

- 以下の手順で，パーツに穴をあけ，ミラーフィーチャを適用します.
  ① 上面にスケッチを作図し，[押し出し] で図 3.72 のように穴を 2 つあけます.

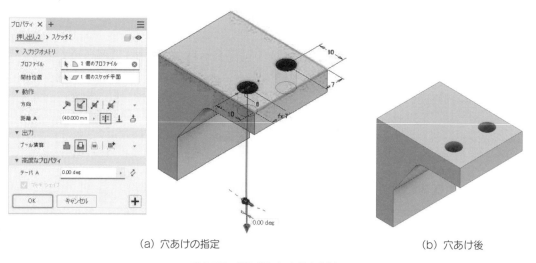

（a）穴あけの指定　　　　　　　　　（b）穴あけ後

図 3.72　押し出しによる穴あけ

＊作業平面について詳し
くは 3.5.3 項で説明しま
す．

② 図 3.73 のように，上面の中間点に 2 面間の作業平面を作成し，ミラー
フィーチャを適用すると，穴が 2 つから 4 つになります．

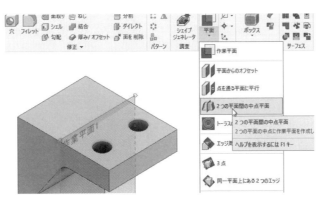

（a）作業平面の作成

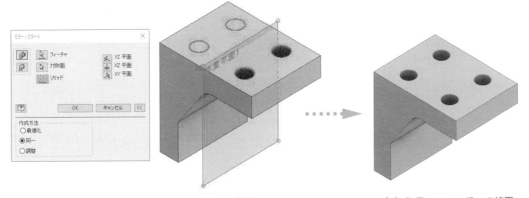

（b）ミラーフィーチャの対称面の指定　　　　　　　（c）ミラーフィーチャの結果

図 3.73　**ミラーフィーチャの適用**

③ 図 3.74 のように，作成方法を［調整］とすることで，ミラー先の穴が元
のプロパティの貫通の情報を反映した穴を複写します．

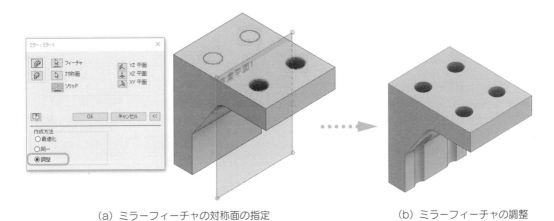

（a）ミラーフィーチャの対称面の指定　　　　　　（b）ミラーフィーチャの調整

図 3.74　**貫通したミラーフィーチャ**

3.4 フィーチャの変更

　設計の過程で，すでに作成したフィーチャの形状や寸法などを編集するには，

▶フィーチャの2次元のスケッチを編集する方法：スケッチ編集，寸法編集

▶フィーチャを3次元化する際に入力した値などを変更し再定義する方法：
　フィーチャ編集

があります．

　ここでは，主要な変更方法を項目別に分けて，それぞれの編集方法を説明することにします．

3.4.1 スケッチ編集

　2次元のスケッチを編集する方法のうち，拘束を追加，変更，または削除するなど，スケッチそのものを修正してジオメトリの関係を変更する方法について説明します．この場合，既存のスケッチに依存したフィーチャがある場合には，変更に伴いフィーチャの依存関係が保てなくなります．その結果，フィーチャそのものが維持できなくなり，エラーになる場合があるので注意が必要です．

　スケッチ編集を行うには，編集が終了したスケッチや，フィーチャ化が完了したスケッチを編集可能な状態にする必要があります．

　具体的には，図 3.75 のように，モデルブラウザ内で編集したいスケッチを含むフィーチャのアイコン，またはスケッチアイコンを右クリックし，[スケッチ編集]を選択すると，スケッチ編集が可能な状態に戻すことができます．

　スケッチは，フィーチャ内で使用されているかどうかとは無関係に編集できます．

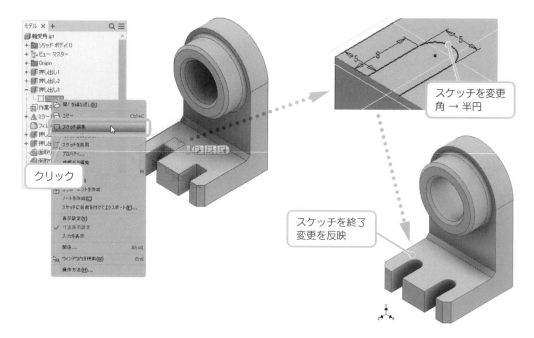

図 3.75　スケッチの変更

スケッチ編集終了後, [スケッチを終了] ボタン (☑) を押してスケッチを終了すると, 自動的にパーツが更新されます.

3.4.2 寸法の編集

2次元のスケッチを編集する方法のうち, スケッチ作成に使用した寸法拘束や角度拘束, フィーチャ作成時に指定した距離や寸法などの変更方法について説明します.

この場合も, **スケッチ編集**と同様に, 既存のスケッチの寸法に依存したフィーチャがある場合には, 変更に伴いフィーチャの依存関係が保てなくなることがあります. その結果, フィーチャそのものが維持できなくなり, エラーになる場合もあるので注意が必要です.

前項のスケッチ編集と同様に, ポップアップメニューの [**スケッチ編集**] を選択すると, 編集可能なスケッチの状態に戻すことができます (図 3.76).

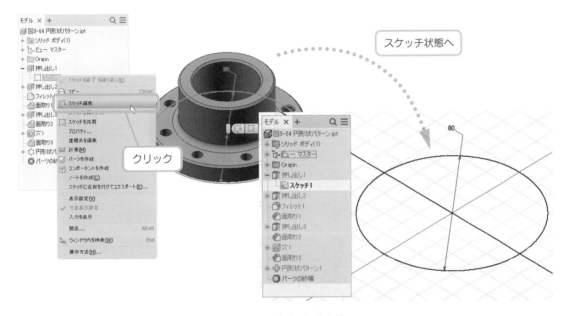

図 3.76　**寸法の編集方法**

ここでは, フランジの取り付け面の直径を変更した例を示します.

具体的には, スケッチ編集のモードで変更しようとする寸法をダブルクリックすると, 図 3.77 (a) のように [**寸法編集**] のダイアログが表示されるので, 数値を 80 → 100 と変更します. 寸法の編集が終了後, [**スケッチを終了**] アイコン (☑) を押してスケッチを終了すると, 図 (b) のように自動的にパーツが更新されます. フランジの取り付け面の見た目が図 3.76 から変更されて, 大きくなっていることを確認してください.

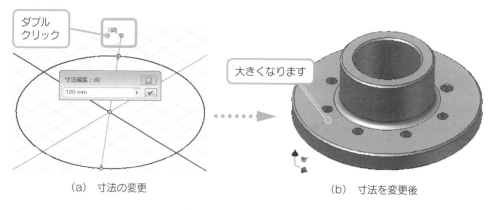

（a）寸法の変更 　　　　　　　　　　　（b）寸法を変更後

図 3.77　**寸法編集の適用例**

COLUMN

ホームビューの設定

　フィーチャの位置を回転した場合に，図 3.78 のように，画面上で右クリックしてポップアップメニューの［**ホームビュー**］を選ぶと，フィーチャをもとの等角図の状態に戻すことができます．

　この等角図の向きは作成したときに決まっていますが，任意の向きに変えたい場合には，［**ViewCube**］（ 🔲 ）の任意の場所をクリックし，図 3.79 の視点となる矢印を選んでから右クリックし，ポップアップメニューを表示してから［**ビューにフィット**］を選びます．こうすることで，ホームビューボタンをクリックしたときに指定の方向から見た図にすることができます．

図 3.78　**ホームビュー**　　　　　　　図 3.79　**ホームビューの設定**

3.4.3 **フィーチャ編集**

　フィーチャ編集とは，作成段階で定義した押し出しや回転，穴あけなどのフィーチャの押し出し距離や，回転角度の変更や，穴の種類を変えることで設定を再定義する機能です．再定義の方法には，つぎのようなものがあります．

- ▶ジオメトリのサイズや角度を変更する．
- ▶ほかのフィーチャとの結合，カット，交差の指定を変更する．
- ▶フィーチャを定義した際とは別のプロファイルを新たに選択する．
- ▶押し出しフィーチャのように終端の方法を変更する．

　たとえば，図 3.80 のようにモデルブラウザで編集したいフィーチャを選択します．つぎに，ブラウザかグラフィックスウィンドウ上のフィーチャの上で右クリックし，ポップアップメニューから［フィーチャ編集］を選択すると，フィーチャのプロパティパネルが表示されます．

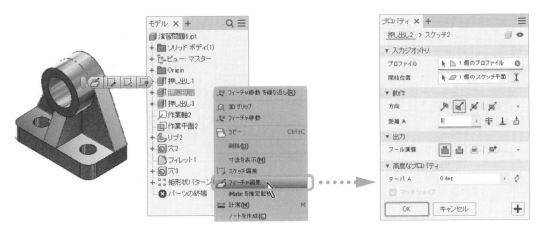

図 3.80　フィーチャ編集の方法

　必要に応じてダイアログ値を変更します．［プロファイル］をクリックした場合は，有効なプロファイルを選択するまで，ほかの値は選択できません．　OK　ボタンをクリックし，フィーチャを新しい値で表示します．図 3.81 に示すように，この例では，押し出しフィーチャの距離を 8 → 12 と変更しています．

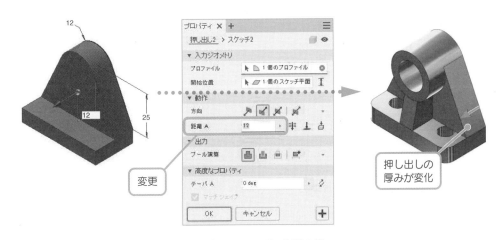

図 3.81　フィーチャ編集の例

3.4.4　フィーチャの省略と削除

　いったん作成したフィーチャを一時的に省略したり，必要に応じて削除できます．省略と削除のどちらもモデルブラウザで，図 3.82 のように，当該のフィーチャ上で右クリックして，ポップアップメニューから［フィーチャを省略］か［削除］を選択して行います．省略されたフィーチャは，省略時と同様の手順でポップアップメニューから［フィーチャの省略解除］をクリックすることで，いつでももとに戻

すことができます.

　省略されたフィーチャは，図 3.82 の右端の図のように，モデルブラウザ上では
そのアイコンは薄く表示されると同時に，取り消し線も引かれます.

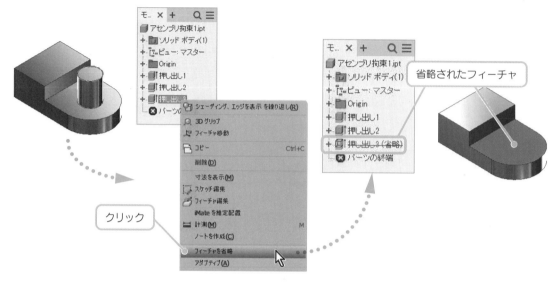

図 3.82　フィーチャの省略方法

　しかし，省略されたフィーチャに依存するフィーチャも省略されるので注意が必
要です.　図 3.82 の例で土台の部分のフィーチャの**押し出し1**を省略すると，軸部
分のフィーチャの**押し出し3**も同時に省略されてしまいます.

　一方，フィーチャからソリッドパーツを削除した場合には，一度でもそのパーツ
ファイルを保存してしまうと，そのフィーチャを復元することはできないので，十
分注意してください.

フィーチャの従属関係

COLUMN

　あるフィーチャ（子）をほかのフィーチャ（親）がないと作成できないことを**従属関係**（親子関係）と
いいます.　フィーチャを削除する場合，図 3.83 のように［**フィーチャを削除**］ダイアログが表示されます.
1 つのフィーチャの削除によって，従属関係にあるほかのフィーチャが削除されることを警告します.

　このダイアログでチェックボックスをオフにすると，該当するスケッチや従属するフィーチャスケッチ
を残すことができますが，その従属の度合いによってうまくいかないこともあります.　なお特に，一番は
じめに作成されたフィーチャを**基準フィーチャ**といいます.

図 3.83　フィーチャの従属関係

3.5 作業フィーチャ

　作業フィーチャとは，既存のジオメトリ（既存のモデルにある平面，軸，点）を利用しただけでは新しいフィーチャの作成や配置ができない場合に，ユーザの作成をサポートするためのユーザ定義可能な仮想的な作業用の点，軸，平面などのことです．作業フィーチャそのものは，ほかのフィーチャを補助するためのものですが，作業フィーチャを使用しないと作成できない形状のパーツも多くあります．

　たとえば，図 3.84（a）のようなパーツを作成する場合には，横方向のパイプを描くための適切なスケッチ先の平面がないので，（b）のようにユーザ定義した作業平面，作業軸を使用し，作業平面上のスケッチ平面に円を描いて縦方向のパイプまで押し出しています．

　このモデルの構成要素をブラウザで見ると，図 3.84（c）のように，作業軸，作業平面が含まれていることがわかります（この例では，作業平面1は表示設定としていません）．

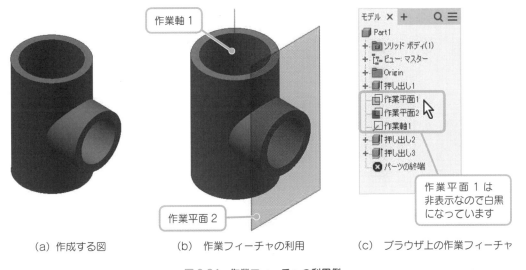

| (a) 作成する図 | (b) 作業フィーチャの利用 | (c) ブラウザ上の作業フィーチャ |

図 3.84　作業フィーチャの利用例

　作業フィーチャは，仮想的なものであるため，実際のパーツに対して不必要な影響を与えるようなことはありませんし，この例のように表示しないこともできます．

　ここでは，3 次元 CAD では必要不可欠な作業フィーチャである作業点，作業軸，作業平面の定義の方法と，その使用方法について解説します．

3.5.1 作業点

　作業点は仮想的な点で，スケッチで参照するためにスケッチ平面上に投影したり，スケッチ作成時に参照点としたりすることで，作業軸や作業平面などの作成に利用できます．パーツ面や直線エッジ，または円弧や円に配置や投影ができます．具体的には，シャフトやパターンの中心の設定，座標系の定義，平面の定義（3 点を使

用）などに利用します．

　作業点の指定には，図3.85の［**作業フィーチャ**］パネル＞［**作業点**］（◆ ▾）を選択し，図3.86で指定方法を決め，図3.87のように当該の場所をクリックして作成します．たとえば，［**2線分の交点**］は，線分を2箇所クリックするとその交点に自動的に作業点ができます．また，座標系に固定されて配置される［**固定点**］をはじめとして，図3.87のような多様な作業点の指定方法があります．

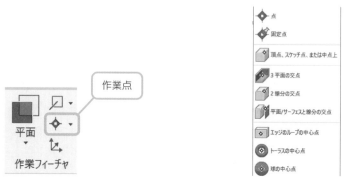

図3.85　作業フィーチャパネル　　　　　　　　図3.86　作業点の指定方法

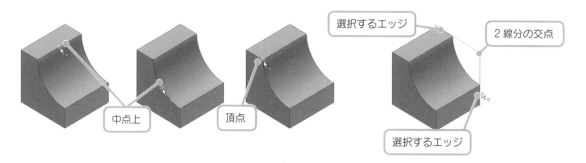

図3.87　作業点の指定方法の例

3.5.2　作業軸

　作業軸は仮想の無限長の直線です．図3.88に示す指定方法があります．スケッチで参照するために，フィーチャをスケッチ平面に投影したり，フィーチャを回転するための軸や，作業平面を作成するための基準として利用できます．

図3.88　作業軸の指定方法

図 3.89 のように円柱の中心を通過したり，図 3.90 のように 2 点を通る作業軸やエッジを通過する作業軸などが作成できます．作業軸の指定には，**[作業フィーチャ]**パネル> **[作業軸]**（⊿ ▾）を選択して作成します．

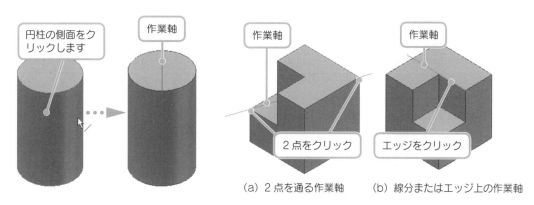

図 3.89　回転円または回転フィーチャを通る
作業軸の指定方法

(a) 2 点を通る作業軸　　(b) 線分またはエッジ上の作業軸

図 3.90　**2 点とエッジの作業軸の指定方法**

3.5.3 作業平面

作業平面は仮想の無限平面で，空間内で任意の向きの配置，既存のパーツ面からフィーチャをオフセットして配置，軸やエッジに対して回転して配置もでき，スケッチ平面のベースとしても利用可能です．作業平面そのものは，半透明の平面として表示されます．ここでは，さまざまな作業平面について説明します．

❖ **基本作業平面**　パーツファイルを新規作成した時点で，図 3.91 のように，あらかじめ **YZ**，**XZ**，**XY** の 3 つの作業平面が用意されています．これを**基本作業平面**といい，ブラウザの Origin アイコンの ⊞ をクリックすると展開できます．基本作業平面は通常は非表示となっていますが，それぞれの Plane で右クリックし，ポップアップメニューで表示設定にすると，図 3.92 のように表示できます．

＊**基本作業軸**（X, Y, Z Axis）と**基本作業点**（Center Point）もあります．

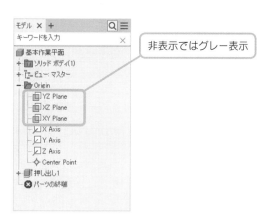

図 3.91　**基本作業平面**

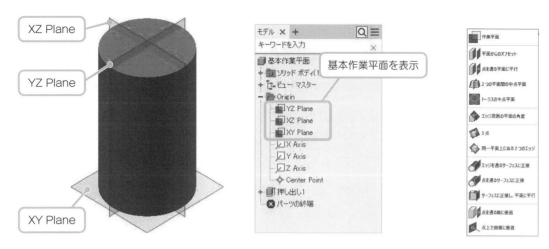

図 3.92　基本作業平面の表示

図 3.93　作業平面

作業平面の定義方法については，図 3.93 のようなさまざまな方法があります．作業平面を作成する場合には，［**作業フィーチャ**］パネル＞［**作業平面**］（▣）をクリックしてから作業に取りかかります．

◆ 面からオフセットする作業平面

［**作業平面**］（▣）をクリックしてから，フィーチャの 1 つの平面を選択すると，初期状態の作業平面が表示されます．図 3.94 のように，その作業平面のエッジをオフセットする方向にドラッグしてから，**オフセット**ボックスに数値を入力し，オフセットの距離を指定します．［**平面からのオフセット**］（▨）でも同様に作成できます．

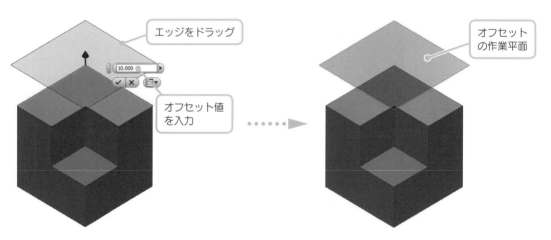

図 3.94　面からオフセットする作業平面

◆ 2つの平行な平面間を二等分する作業平面

[2つの平行平面間の中点平面]（🖼）をクリックしてから，図3.95のように，2つの平行な平面または作業平面（あるいはパーツ上の平面）を選択すると，平面間を二等分する作業平面が作成されます．

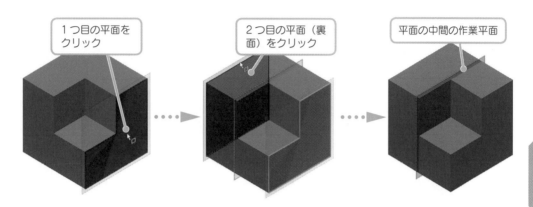

図3.95　**2つの平行な平面間を二等分する作業平面**

◆ 円柱に接する作業平面

作成したい作業平面の基準となる平面を選んでから円柱の側面をクリックすると，新しい作業平面が図3.96のように，円柱に接して作成されます．この例では，[**サーフェスに正接し，平面に平行**]（🖼）をクリックしてから，基準作業平面の[**YZ Plane**]を選択しています．

この場合，円柱の作成時に円の中心が原点にあるため，図のようにOriginの基準作業平面を選択した場合に円柱の中心に表示されていますが，中心がずれた場合でも同じ手順で作成することが可能です．

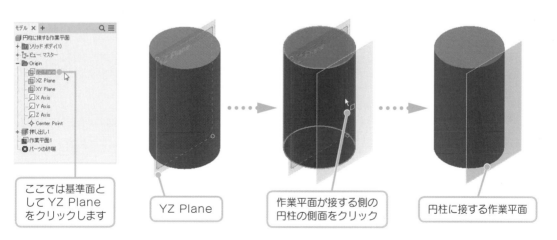

図3.96　**円柱に接する作業平面**

◆ 円柱の中心を通る作業平面 ─────────────────────

　[作業平面]（■）をクリックして，あらかじめ円柱の中心の軸として作成した作業軸をクリックします．つづけて，作成したい作業平面の基準となる平面をクリックすると，[角度]ボックスが表示されます．

　図 3.97 の例では，基準作業平面の **YZ Plane** を選択しています．

　基準面に対して任意の角度を入力すると，図のように新しい作業平面が円柱の中心を通るように作成されます．

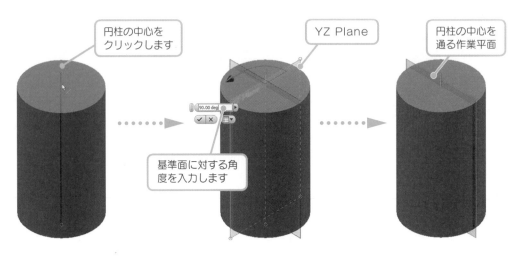

円柱の中心を
クリックします

YZ Plane

円柱の中心を
通る作業平面

90.00 deg

基準面に対する角
度を入力します

図 3.97　円柱の中心を通る作業平面

レッスン 3.1　フランジ形たわみ軸継手，継手ボルトの作成

　　ここでは，JIS 規格で取り上げられているポピュラーなフランジ形たわみ軸継手と，その関連部品を作成します（図 3.98）．作成したコンポーネントは，**第 4 章「アセンブリ」**のレッスンで使用します．

◆ フランジ形たわみ軸継手

1　まず，Standard.ipt の新規ファイルを作成し，[**XZ Plane**] に図 3.99 のような基本部分の作図を行います．描き方としては，円を描いて**押し出し**ツールで 2 つの円柱を重ね，中心部分に**押し出し**ツールで穴をあけます．

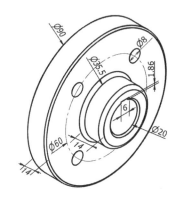

図 3.98　**フランジ形たわみ軸継手**

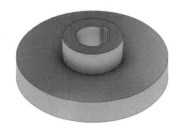

図 3.99　**基本部分の作図**

2　スケッチ平面に，図 3.100 の直径 90 mm の円を**一般寸法**ツールで寸法を指定してから描き，図 3.101 のように 14 mm の厚みで**押し出し**を行います．

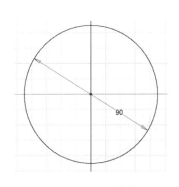

図 3.100　**円の作図**

図 3.101　**押し出しツールで円柱を作成**

3　図 3.102 のように，円柱の上面にスケッチ平面を定義して，直径 35.5 mm の同心円を描きます．同心円とするには，円中心を 90 mm の押し出し図形の中心付近に表示される中心の印（●）をクリックしてから円を描くか，または，適当な位置に円を描いてから**ジオメトリ拘束**の**同心円**を適用してください．円が描けたら，図 3.103 のように 14 mm の厚みで**押し出し**を行います．

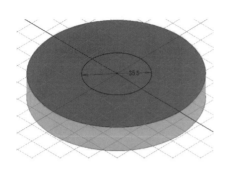

図 3.102　同心円の作図

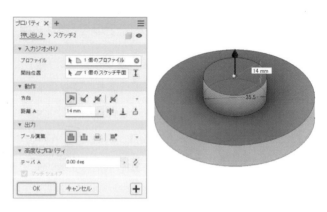

図 3.103　押し出しツールで円柱の積み上げ

＊キー溝は，図 3.105 のように縦線に同じ値の拘束を適用します．また，必要に応じてビュー正面とします．

4 中心のキー溝を含む穴をあけます．図 3.104 のようにスケッチ平面上に直径 20 mm の同心円を描き，上部の円柱の端面にキー溝となる図を図 3.105 のように線分で描きます．キー溝の内側の円の重なる部分は，図のようにトリムで削除します．スケッチが完了したら，図 3.106 のように［押し出し］ツールでカットを行い穴をあけると，図 3.99 の図形が完成します．

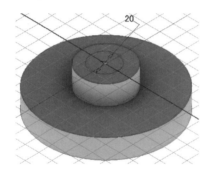

図 3.104　同心円の作図

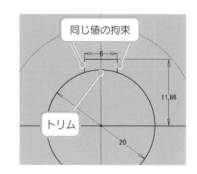

図 3.105　キー溝部分の作図

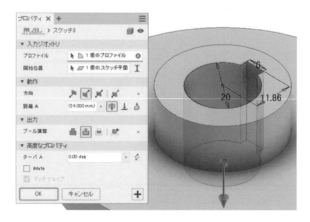

図 3.106　押し出しツールで穴あけ

＊構築線はフィーチャの
作成を補助する線で，点
線で表示されます．フィー
チャそのものを作成する
ことはできません．

5 ボルト穴をあけるために，最初の円柱の端面にスケッチ平面を定義し，図 3.108 のように，直径 8 mm の円をおおよその位置に作図します．つづけて，穴の配置の角度を設定するための基準となる**構築線**（図 3.107 のアイコンで指定）を 2 本引き，[**一般寸法**] ツールで図 3.109 のように角度を 45 度に指定します．

図 3.107　構築線
の指定

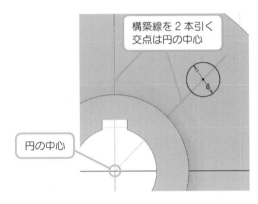

図 3.108　ボルト穴の作図

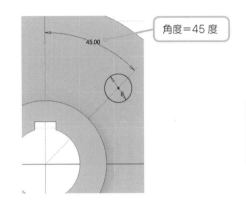

図 3.109　角度の指定

　つづけて，図 3.110 のように，**ジオメトリ拘束**の [**一致**] ツールで円中心と構築線の順にクリックして，円中心を構築線上に一致させます．最後に，図 3.111 のように，円中心からボルト穴の中心までを [**一般寸法**] ツールで 30 mm に指定します．このとき，右クリックし，ポップアップメニューの [**傾斜**] を選び，斜め寸法にします．

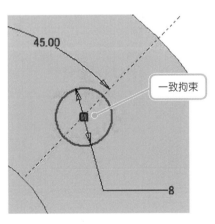

図 3.110　一致拘束の指定

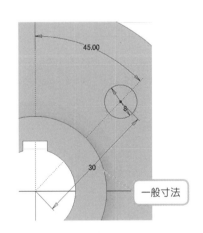

図 3.111　斜め寸法の指定

3

6 図 3.112 のように［**押し出し**］ツールの**カット**で，ボルト穴を1つあけます．
図 3.113 のようになります．

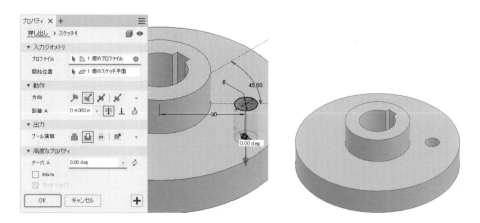

図 3.112　**押し出しツールでボルト穴のカット**　　　図 3.113　**基準のボルト穴**

7 作成したボルト穴を［**円形状パターン**］ツールを用いて，必要な数だけ複写配
置します．図 3.114 のように，複写する**フィーチャ**を選択し，つづけて［配置］
で穴数 4，360 度とし，**回転軸**を図 3.115 のように指定し，ボルト穴を4つあ
けます．

図 3.114　**ボルト穴の円形状パターンの配置**

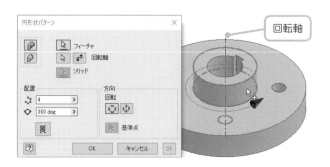

図 3.115　**回転軸の指定**

8 図 3.116 のように，［**面取り**］ツールでフランジの大きな円のエッジの面取り
を行うと，図 3.117 のようになります．

図 3.116　円の縁の面取り

図 3.117　面取りの適用後

9　最後に，図 3.118 のように［**フィレット**］ツールでフランジの小さな円のエッジの丸めを半径 2 mm で行うと，図 3.119 のようになり，図面は完成します．完成したら，ファイル名 "**flange1.ipt**" で保存します．

図 3.118　軸のフィレット

図 3.119　完成図

◆ フランジ形たわみ軸用継手ボルト

　図3.120の継手ボルトを作成します．一度にすべてのコンポーネントは作成できないので，部品ごとに作成します．

● ボルトの作成

1 まずStandard.iptの新規ファイルを［**XZ Plane**］に作成し，図3.121のボルトの上半分の断面図を図3.122のように描いて，［**回転**］ツールで回転して形状を作ります．

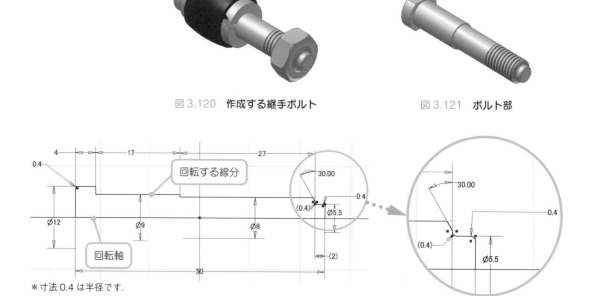

図3.120　作成する継手ボルト　　　　　　　　図3.121　ボルト部

図3.122　断面図の作画

*寸法0.4は半径です．

　図3.122のように直径を表すために，［**一般寸法**］ツールで回転軸を選んで回転する線分をクリックします．すると，線間の寸法が表示されるので，右クリックして図3.123のポップアップメニューを表示し，［**直径寸法**］を選びます．

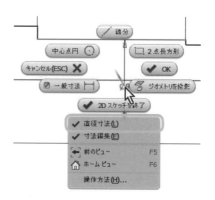

図3.123　直径寸法の指定

2　図 3.124 のように［**作成**］パネル＞［**回転**］ツールで描いた図形を **360 度**回転して，形状を作ります．

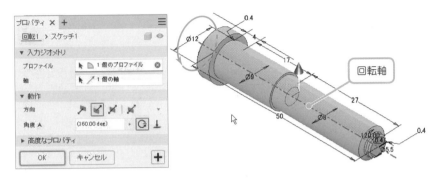

図 3.124　回転ツールでボルトの作成

3　図 3.125 のようにボルトのねじ部分を作成します．［**修正**］パネル＞［**ねじ**］ツールでねじを切る軸をクリックし，［**動作**］＞［**ねじはオフ**］をチェックし，［**深さ**］を 12 mm とします．

※ここで作成するねじはパターンで表示され，実際のものではありません．3D プリンターでは出力されません．

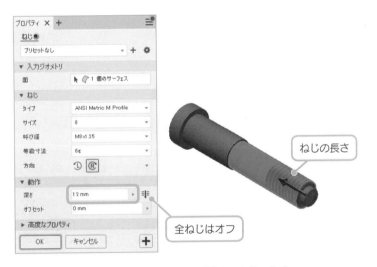

図 3.125　ねじツールでボルトのねじの作成

4　図 3.126 のようにボルトの頭の部分に新規スケッチ平面を作成し，切断する部分の形状に合わせ 2 つの四角形を描き，図 3.127 のように，［**作成**］パネル＞［**押し出し**］ツールで**カット**します．完成したら，ファイル名 "**bolt.ipt**" で保存します．

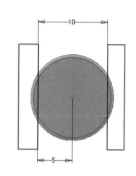

図 3.126　ボルト頭のカット
面の作図

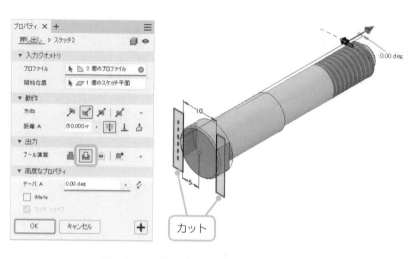

図 3.127　押し出しツールでボルト頭のカット

🌑 ナットの作成

1　図 3.128 のナットを作成します．まず，Standard.ipt の新規ファイルを［XY Plane］で開いて，新規スケッチ平面で図 3.129 のように［作成］パネル＞［ポリゴン］ツールを選択し，図のように寸法を指定します．この場合，一方の寸法は（　）が付いて，**被駆動寸法**となります．

図 3.128　**作成するナット**

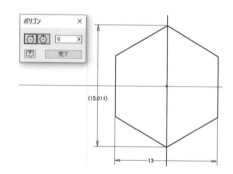

図 3.129　ポリゴンツールでナットの寸法を指定

2　図 3.130 のように，［作成］パネル＞［押し出し］ツール＞［動作］の距離 A を 6.5 mm とし，立体化します．

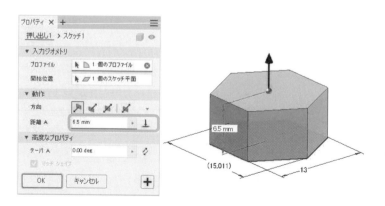

図 3.130　**ナットの立体化**

3　穴あけは，図 3.131 のように，ナットの上面に新規スケッチ平面を作成して，ポリゴンの図形の中心と一致するように円を描き，図 3.132 のように，[作成]パネル＞ [押し出し] ツール＞ [カット] で穴をあけます．

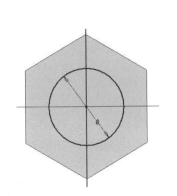

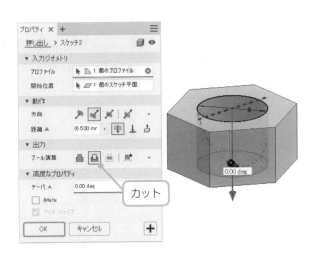

図 3.131　**ナット穴の作図**　　　　　　図 3.132　**押し出しツールでナット穴をカット**

4　ナットの面取りを行うために，図 3.133 のように作業軸と作業平面を作成します．[2 つの平行平面間の中点平面]（🢥）を選んでも作業平面を作成できます．[作業フィーチャ] パネルから図 3.134 の [作業軸] をクリックし，図 3.135 のように穴付近にカーソルを移動すると，マウスカーソルが変化して作業軸が現れるのでクリックします．または，[回転面または回転フィーチャを通る]（◉）で円をクリックしても作業軸を作成できます．つぎに，図 3.134 の [作業平面]（◼）をクリックし，図 3.136 のようにナットの側面を 2 箇所クリックすると，図 3.133 のように作業平面を中間の位置に設定できます．

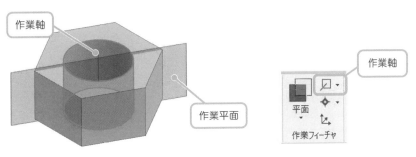

図 3.133　**作成する作業軸と作業平面**　　　図 3.134　**作業フィーチャパネル**

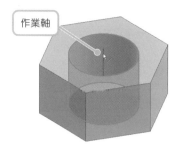
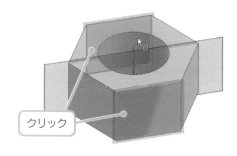

図3.135　ナット穴中心の作業軸の作成　　　図3.136　ナット側面に平行な作業平面の作成

5　ここで作成した作業平面をクリックし，新規スケッチ平面を作成します．図
3.137のようにナットの断面を表示するために，図上で右クリックし，図3.138
のポップアップメニューを表示し，[切断して表示] をクリックします．

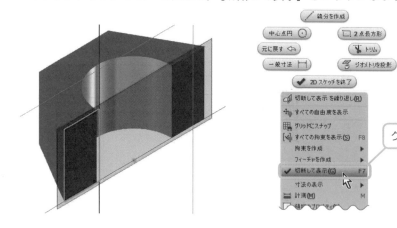

図3.137　断面を切断して表示　　　　　　　図3.138　切断して表示をクリック

6　図3.139の [スケッチ] パネル> [ジオメトリを投影] > [断面エッジを投影]
で，図3.140の左の図のように切断面のジオメトリをスケッチ平面に構築線で
投影します．つぎに，図3.140の右の図のように，スケッチ平面にナットの面
取りをする形状の図形を描きます．この三角形の角度は20度，構築線と投影
したジオメトリの距離は1.875 mmとし，端点を構築線とジオメトリの交点
上とします．

図3.139　ジオメトリ（断面
エッジ）を投影

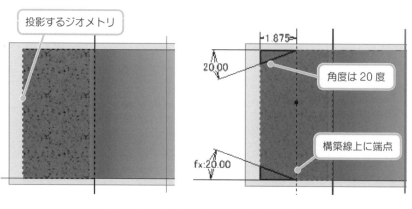

図3.140　ナットの面取り用の断面を作画

7 ［**作成**］パネル＞［**回転**］ツールで，図 3.141 のように先ほど描いた切断する形状の図形を［**プロファイル**］で選びます．つづけて，**軸**を選択し，**切り取り**で回転させると，切断が終了します．

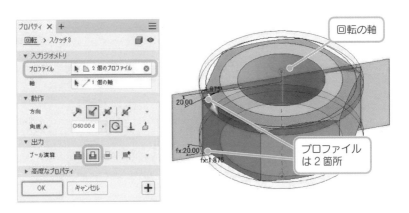

図 3.141　回転ツールでナットの角の面取り

8 最後に，［**修正**］パネル＞［**ねじ**］ツールで，図 3.142 のようにねじの対象となる**面**を選び，OK ボタンをクリックするとねじができます．なお，モデルブラウザの作業軸，作業平面の上でそれぞれ右クリックし，ポップアップメニューで［**表示設定**］のチェックをはずすと，作業軸と作業平面は表示されなくなります．完成したら，ファイル名 "**nut.ipt**" で保存します．

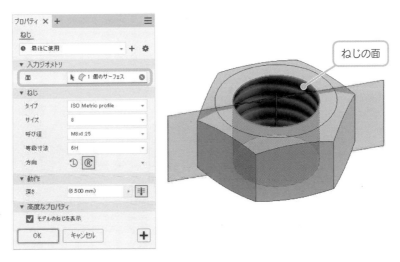

図 3.142　ねじフィーチャツールでナットのねじを適用

＊作成するブッシュはゴム製なので，色は黒ですが，ここでは外形がわかるように図3.143のように表示しています．

●ブッシュの作成

1 つぎに，図3.143のブッシュを作成します．まず，**Standard.ipt** の新規ファイルを開いて，[**XZ Plane**] の新規スケッチ平面で図3.144のように図形を描きます．このときの円弧は [**スケッチ**] タブ＞ [**作成**] パネルの [**3点円弧**] か [**中心円弧**] で描きます．また，縦の2本の直線は，**ジオメトリ拘束の同一**で長さが同じになるようにしておきます．回転の中心となる中心線（⊕）を引いて，[**一般寸法**] で9 mm，18 mm の直径にするので，距離を入れるときに右クリックしてポップアップメニューを表示し，[**直径寸法**] を選びます．

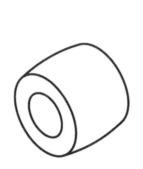

図3.143　作成するゴムブッシュ

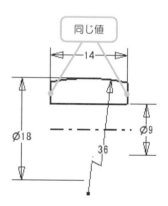

図3.144　ブッシュの断面

2 [**作成**] パネル＞ [**回転**] ツールで，図3.145のように先ほど描いた円弧を含む図形を [**形状**] タブの [**プロファイル**] で選んでから，**軸**を図のように選択し，**新規ソリッド**で回転させるとブッシュが完成します．完成したら，ファイル名 "**bush.ipt**" で保存します．

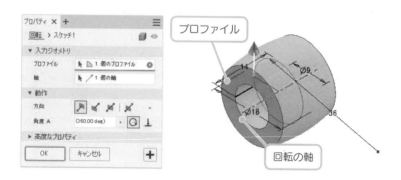

図3.145　ブッシュの断面の回転

　ブッシュの色は，図3.146のように [**ツール**] タブ＞ [**材料と外観**] パネルで設定します．ここでは，[**外観**] ●のドロップダウンメニューから [***光沢−黒**] を指定します．

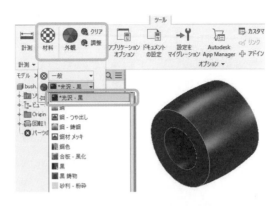

図 3.146 ブッシュの外観の色の変更

座金の作成

1 ここでは，図3.147, 3.148の座金とばね座金を作成します．それぞれのコンポーネントについて，Standard.iptの新規ファイルを開いて，[XZ Plane]の新規スケッチ平面で図3.149のようにスケッチを描きます．2つの図はほぼ同じですが内径が異なります．

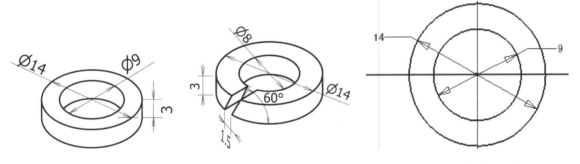

図 3.147　作成する座金　　　図 3.148　作成するばね座金　　　図 3.149　座金の外形を作図

2 どちらの図も［作成］パネル>［押し出し］ツールで，図3.150のように描いた図を選択し，3 mmの距離で押し出しを行います．座金のほうはこれで完成なので，ファイル名 "washer1.ipt" で保存しておきます．

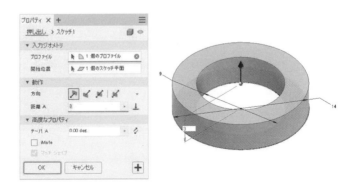

図 3.150　座金の断面の押し出し

3 ばね座金を組み付けた状態を表すために，作業平面にスケッチを描いて側面に スリットを入れます．まず最初に，図3.151のように作業平面を作成します． 手順として，モデルブラウザで［YZ Plane］をクリックすると，図（a）のよ うに中央付近に基準となる面ができるので，その状態で［作業フィーチャ］パ ネル＞［平面］を選んでから円柱の側面をクリックすると，図（b）のように 側面に接する作業平面が作成できます．

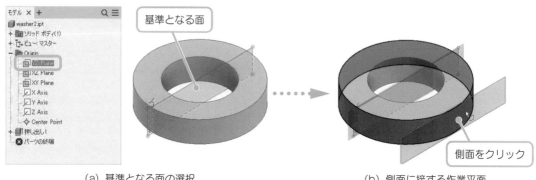

（a）基準となる面の選択　　　　　　（b）側面に接する作業平面

図3.151　ばね座金用に作業平面を設定

4 作成した作業平面に新規スケッチ平面を作成し，［作成］パネル＞［ジオメト リを投影］を行ってから，図3.152のようにスリットになるスケッチをすき間 15 mm，スリット角度60度で描きます．つぎに，［作成］パネル＞［押し出し］ ツールの［プロファイル］を図3.153のように選び，5 mmの距離で**カット**を 行うと側面にスリットができ，ばね座金が完成します．完成したら，ファイル 名 "washer2.ipt" で保存します．

以上で，このレッスンは終了です．

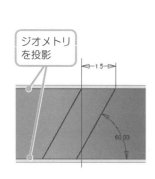

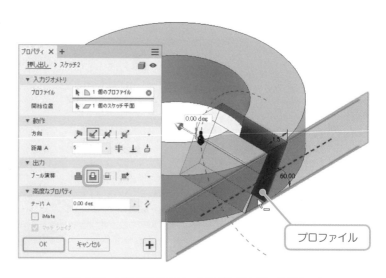

図3.152　ばね座金のスリッ トの作画

図3.153　ばね座金のスリットを押し出しツールでカット

　ここでは，スケッチフィーチャの練習として，図 3.154 のロフトを，図 3.155 の作業平面を定義して作成します．この場合，土台の部分と先端の半円の丸い断面を結ぶ中間の位置に作業平面を作成し，そのスケッチ平面上に描いただ円を通過する面とします．

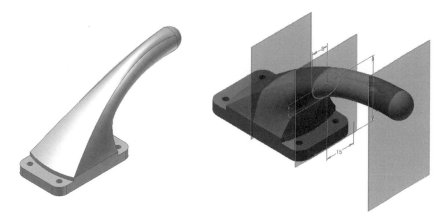

図 3.154　**ロフト**　　　　　　　　図 3.155　**ロフトの作業平面**

1　[**XZ Plane**] に図 3.156 の土台部分の 3D コンポーネントを作成します．**Standard.ipt** の新規ファイルを開き，スケッチ平面に図 3.157 の底面を描きます．中心を CP とします．

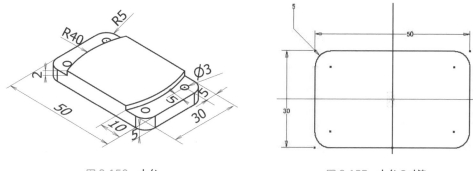

図 3.156　**土台**　　　　　　　　図 3.157　**土台の寸法**

2　図 3.158 のように，[**作成**] パネル> [**押し出し**] ツール> [**結合**] で 5 mm 押し出します．

3　押し上げた土台の上に新規スケッチ平面を作成し，図 3.159 のように **穴の中心**（＋点）を 1 箇所指定します．つづけて，図 3.160 の [**修正**] パネル> [**穴**] ツールで 3 mm の穴をあけます．

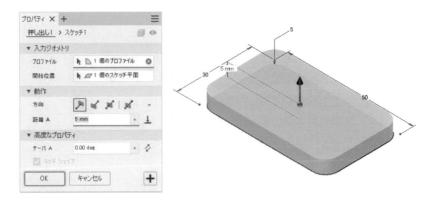

図 3.158　底面の押し出し

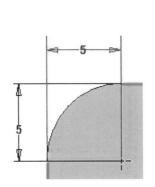

図 3.159　穴中心の位置

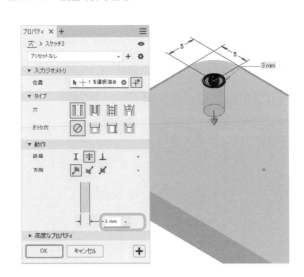

図 3.160　スケッチを参照して穴あけ

4 作成した穴を，図 3.161 の［パターン］パネル＞［矩形状パターン］ツールを用い，複写する**方向 1**，**方向 2** をそれぞれクリックしてから，複写する穴の個数と間隔をそれぞれ指定します．

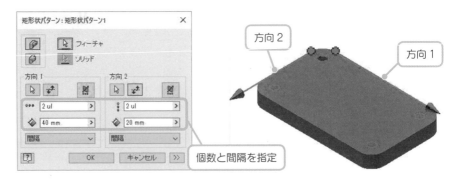

図 3.161　矩形状ツールで穴の複写

5 作成した土台に新規スケッチ平面を作成し，図3.162のようなスケッチを描き，図3.163のように［**作成**］パネル＞［**押し出し**］ツール＞［**結合**］で2 mm押し出すと，土台の形状が完成します．

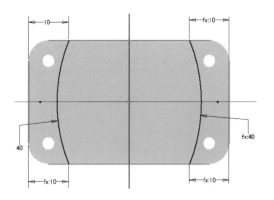

図 3.162　**土台の続きの作図**

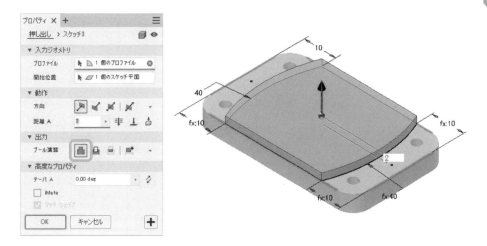

図 3.163　**土台の押し出し**

6 図3.164（a）のように，土台の両面をクリックして土台の中央に作業平面を作成し，その作業平面から25 mmの距離に2番目の作業平面を図（b）のように作成します．

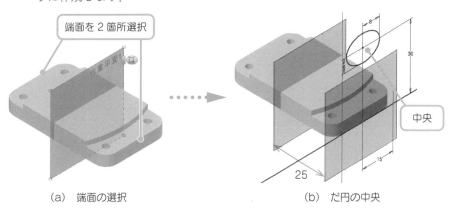

（a）　端面の選択　　　　　　　　　　　（b）　だ円の中央

図 3.164　**作業平面で断面のスケッチ**

7 図3.164（b）のように，土台の片面に作成した2番目の作業平面にスケッチ平面を定義し，図のようなだ円形（短径12 mm，長径16 mm，中心位置が高さ30 mm，横は投影した側面の中央15 mmの位置）を描きます．

8 つぎに，**7**と同様に，図3.165のように，2番目の作業平面から40 mmの距離に3番目の作業平面を作成し，スケッチ平面を定義します．線分で閉じた図のような直径6 mmの半円（中心位置が高さ30 mm，横が投影した側面の中央）を描き，［**回転**］フィーチャで半球の状態にします．

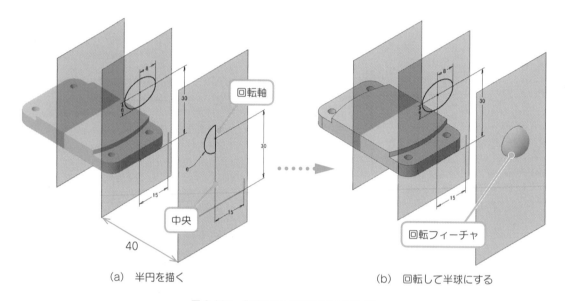

(a)　半円を描く　　　　　　　　　　　　　(b)　回転して半球にする

図3.165　**作業平面で終端の断面を作成**

9 ［**作成**］パネル＞［**ロフト**］を選択し，図3.166のように［**ロフト**］ダイアログを表示し，［**基準**］タブの［**断面**］エリアをクリックします．そして，最初のエッジとして土台の断面を選択し，つづけて同じ手順で［**断面**］エリアをクリックして，スケッチを追加します．最後に，エッジとして半球の断面をクリックして追加し，OKボタンをクリックすると**ロフト**フィーチャが完成します．
　　最後に“**loft.ipt**”として，保存してこのレッスンは終了です．

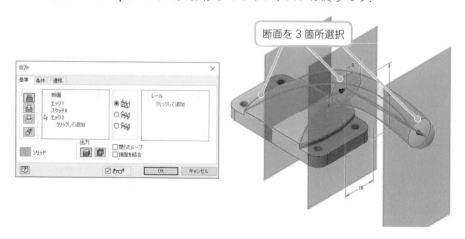

図3.166　**ロフトフィーチャの適用**

3D プリンタ用フォーマット .stl について

　3D プリンタの普及に伴い .stl 形式のファイルの使用が増えていますが，Inventor でも書き出し，読み込みが可能です．ここで，**STL**（Stereolithography）とは，3 次元の立体形状を小さな三角形（ポリゴン）の集合体で表現するフォーマットのことです．STL ファイルへの**書き出し方法**は，つぎのとおりです．[**ファイル**]>[**書き出し**]>[**CAD 形式**]を選択，ファイルの種類を STL ファイルに変更します．つぎに，[**オプション**]をクリックし，図 3.167 のように，[**STL ファイルに名前を付けて保存オプション**]ダイアログで，[**形式**]>[**単位**]を[**ミリメートル**]に変更して，OK ボタンをクリックして保存します．

図 3.167　**STL ファイルに名前を付けて保存オプション**　　　　図 3.168　**コンポーネントサンプル**

　インポート方法はつぎのようになります．例として 3.4.3 項で扱った図 3.168 のコンポーネントを上述のように STL ファイルに変換・保存し，その STL ファイルをインポートします．図 3.169 の[**開く**]コマンドを使用すると，図 3.170 のように表示されます．

図 3.169　**開くダイアログ**　　　　　　　　　図 3.170　**読み込んだ STL ファイル**

　Inventor で stl 出力したパーツを，光造形 3D プリンタで印刷した例を図 3.171 に示します．
　STL メッシュを Inventor にインポートし，編集可能なジオメトリ（サーフェスまたはソリッド）に変換する方法は，インターネットの公式サイトからダウンロードし，Mesh Enabler for Autodesk Inventor.msi ファイルをインストールすると，アドインとして使用することが可能となります．

図 3.171　3D プリンタによる印刷の例　　　図 3.172　アドインマネージャでロード指定

　Mesh Enabler（msi）ツールをインストールしたら，図 3.172 のように，アドインをロードします（[**ツール**] リボンの [**アドイン**] ボタンをクリックし，アプリケーションをロード，自動ロードします）．Mesh Enabler アプリケーションは，メッシュフィーチャをソリッドベースフィーチャ，またはサーフェスフィーチャに変換します．

　その後，図 3.173 のように，インポートした 1 つ以上の対象のメッシュフィーチャを右クリックし，[**Convert to Base Feature**] を選んで，それらをベースフィーチャ（ソリッド，サーフェス，またはコンポジット）に変換します．変換前後の図形から，その違いがわかります．

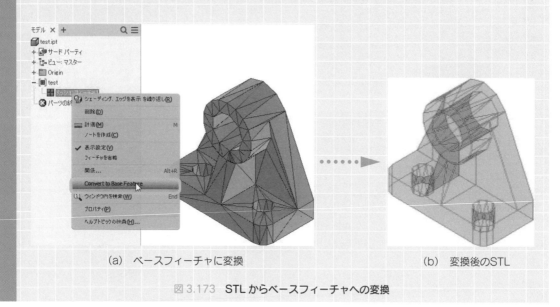

(a)　ベースフィーチャに変換　　　　　　　　　　　(b)　変換後の STL

図 3.173　STL からベースフィーチャへの変換

演習問題

●3.1　つぎの図 3.174 〜 3.179 のフィーチャを作成しましょう.

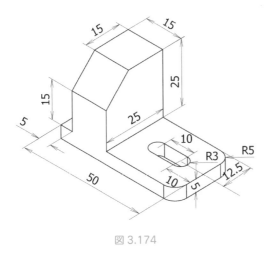

図 3.174

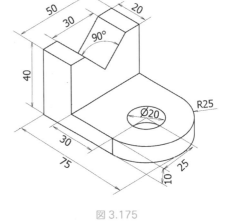

図 3.175

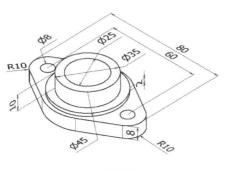

図 3.176

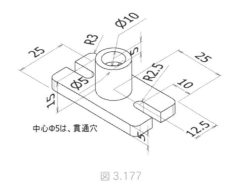

中心Φ5は，貫通穴

図 3.177

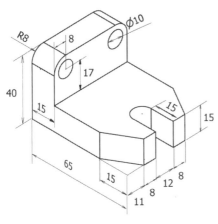

図 3.178

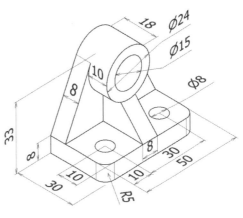

図 3.179

3

＊作業平面，作業軸を有
効に使いましょう．

●**3.2**　図 3.180 の図形を描いてみましょう．

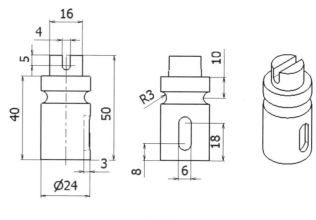

図 3.180

●**3.3**　図 3.181 の図形を描いてみましょう．ただし，ねじ部の仕様は図の右側の
とおりです．

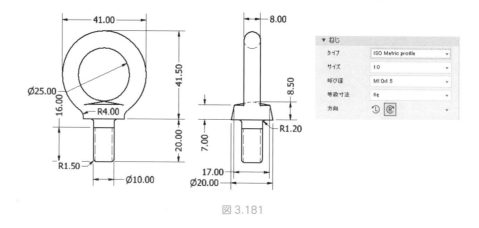

図 3.181

●**3.4**　図 3.2 を参考にして，図 3.98 のフランジ形たわみ軸継手の側面の断面を描
いて，［回転］ツールで継手を作成しましょう．

第4章

アセンブリ

この章では，3次元 CAD で立体化された複数のコンポーネントに3次元の拘束を適用し，組み立てる手順について説明します．

3次元 CAD では，実際の部品を製作して組み立てることなく，CAD の画面上で構造などを確認し，評価することができます．また，設計条件を満たさない場合には，もとの部品に簡単に CAD 上で変更を加え，必要な要件を満たすようにできます．ここでは特に，この3次元の組立ての作成手順であるアセンブリ拘束を中心に説明します．

この章で学習すること

- ☞ アセンブリングの概要
- ☞ アセンブリングのワークフロー
- ☞ コンポーネントパネル
- ☞ アセンブリング
- ☞ アセンブリ拘束
- ☞ コンポーネントの置換
- ☞ コンポーネントの移動・回転
- ☞ サブアセンブリ
- ☞ 演習問題【3題】

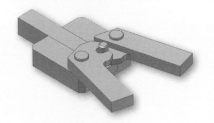

4.1　アセンブリングの概要

　アセンブリ（assembly）とは，組立部品，あるいは組み立てることや部品の集合体を意味しています．

　Inventor では，実際の機械部品がなくてもグラフィックの 3 次元空間上で，図 4.1 のように，3D CG で表現された複数のコンポーネントを組み合わせた製品の形状を確認することができます．さらに，CG で作成したコンポーネントを組み合わせることにより，簡易的なシミュレーションで機械的な構造の動作確認も可能です．

　このときのアセンブリ作業時（アセンブリ作業のことを**アセンブリング**といいま

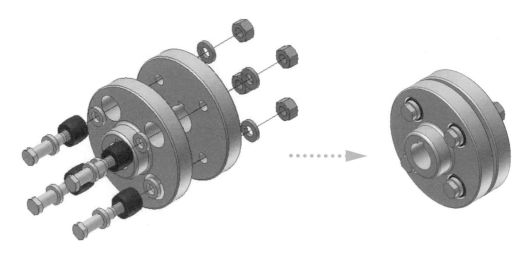

図 4.1　**アセンブリング**

す）に，構成要素として呼び出されるパーツやそのほかのアセンブリを，特に**コンポーネント**とよびます．また，コンポーネントであるパーツの集合体を**メインアセンブリ**，**アセンブルモデル**，あるいは単に**アセンブリ**といいます．

　1 つのコンポーネントは，複数のパーツを組み合わせて構成される場合もありますが，通常は複数のパーツで構成される**サブアセンブリ**を複数組み合わせて，1 つのコンポーネントを構成します．

　したがって，個々のパーツに関する定義と情報を保存するパーツファイルや，それぞれのパーツやサブアセンブリ間に関するリンク関係や組立て方の情報（拘束の適用の仕方など）を，アセンブリを行うためのアセンブリファイルに保存します．

　複数のコンポーネントで構成されるアセンブリは，別のディレクトリに移動した場合などは，アセンブリの情報が失われてアセンブリが維持できなくなることがあるので注意が必要です．

　※実際のアセンブリングはレッスン 4.1 で行います．

4.2 アセンブリングのワークフロー

アセンブリングのおおまかなワークフローは，図 4.2 のようになります．

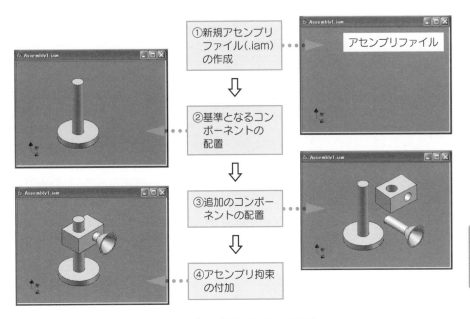

図 4.2　アセンブリングのワークフロー

図 4.2 の各手順についておおまかに解説すると，つぎのようになります．

① まず，新規に**アセンブリファイル**（拡張子は .iam）を作成します．これは，アセンブリングの基本となるファイルです．

② 3 次元パーツ，アセンブリなどの基準となる**コンポーネント**（パーツやサブアセンブリ）を最初に配置します．ここで配置されたものが，以後に追加・作成するコンポーネントの基本となります．最初に配置されるコンポーネントは固定されて自由度がなくなります．

③ さらに，必要な各種コンポーネントを配置します．必要に応じてコンポーネントを作成します．

④ 3 次元空間に配置，作成したコンポーネント間の形状に関する要素に対して，面と面，エッジとエッジ，点と点，点と面などに，相対的な位置・角度などの関係を維持するための**アセンブリ拘束**を付加します．

コンポーネントのアセンブリを作成するには，**アセンブリファイル**を使用します．新規にアセンブリファイルを作成する場合には，図 4.3 に示す［**新規ファイルを作成**］ダイアログの［**アセンブリ**］の Standard.iam（■）を選択し，作成ボタンをクリックします．すると，新規のアセンブリファイルが開きます．

図 4.3　アセンブリファイル（Standard.iam）を開く

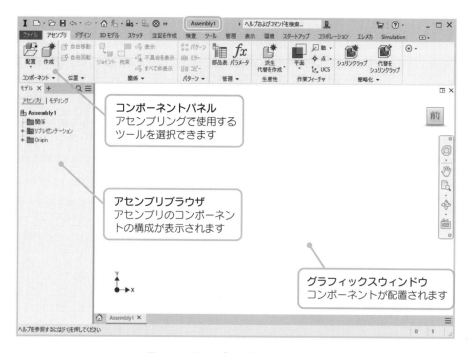

図 4.4　アセンブリパネルの各種ツール

　アセンブリファイルを開くと図 4.4 のように表示され，**クイックアクセスツール バー**（画面の一番上）にファイル名 **Assembly1** が表示されます．アセンブリング 作業は，図 4.4 に示す［**アセンブリ**］タブの各種ツールを使用して行います．

　アセンブリを作成するには，最初に基本的なパーツやサブアセンブリをコンポー ネントとして配置します．このとき，コンポーネントの原点はアセンブリ座標の原 点と一致した状態となります．

4.3 コンポーネントパネル

図 4.5 に示す［アセンブリ］タブの中で，［コンポーネント］パネルと［位置］パネル，［関係］パネル，［パターン］パネルの主なツールについて説明します.

図 4.5 リボンのアセンブリタブ

◆ コンポーネントパネル（図 4.6）

❖ **配置** コンポーネントをアセンブリファイルに配置します. 選択すると［コンポーネント配置］ダイアログが開くので，コンポーネントを選択し，配置する場所を指定します. コンテンツセンターや CAD ファイルからも配置できます.

❖ **作成** 選択すると［コンポーネントをインプレイス作成］ダイアログが開き，コンポーネントやサブアセンブリを新たに作成することができます.

❖ **置換** 配置したアセンブリやアセンブリパターンのコンポーネントを，設計変更のために，ほかのコンポーネントに置き換える場合に，この機能を利用します.

図 4.6 コンポーネントパネル

◆ 位置パネル（図 4.7）

❖ **位置** 配置したアセンブリやアセンブリパターンのコンポーネントを，3D 上で拘束条件を影響させずに，自由に**移動・回転**させることができます. **グリップスナップ**は，アセンブリを正確に移動・回転させることができます.

図 4.7 位置パネル

◆ **関係パネル**（図 4.8）——————————————————————————

⁑ **ジョイント**　［ダイナミックシミュレーション］環境では，**ジョイント**を使用し，コンポーネントの配置とモーションの関係を決定します（詳しくは **4.5 節**のコラムを参照）．コンポーネントを固定する**リジッド**と標準ジョイント（回転，円柱状，球状など）と高度なジョイント（接触，回転，スライドなど）などの種類があります．なお，ダイナミックシミュレーションは，本書では扱いません．

⁑ **拘束**　アセンブリ内でコンポーネントどうしの配置に使用されます．スケッチフィーチャの拘束に対して，3D における拘束を**アセンブリ拘束**といいます．アセンブリ拘束には，**メイト**，**角度**，**正接**，**挿入**などがあり，コンポーネントどうしをどのように結合（拘束）させるかを定義します．拘束の適用により自由度が除去され，コンポーネントの移動や回転が制限されます．

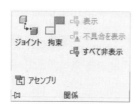

図 4.8　関係パネル

◆ **パターンパネル**（図 4.9）——————————————————————

⁑ **パターン**　コンポーネントを既存のフィーチャに合わせて配置したり，矩形状または円形状に配置します．

⁑ **ミラー**　選択したコンポーネントのミラーパーツを配置します．対称面としてコンポーネントの面や作業平面を利用します．

⁑ **コピー**　選択したアセンブリコンポーネントのコピー，または，新規のインスタンスを作成できます．パーツ間の拘束を維持したままコピーできます．

図 4.9　パターンパネル

4.4　アセンブリング

4.4.1　コンポーネント配置

　図 4.10（b）のように組み立てるには，アセンブリファイルに，図（a）のように組立てに必要なコンポーネントを配置します．以下に配置の手順を示します．

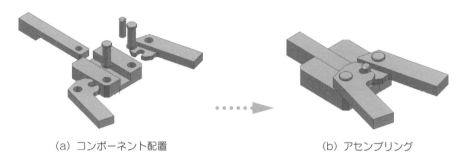

（a）コンポーネント配置　　　　　　　　　　　　（b）アセンブリング

図 4.10　**コンポーネントの配置とアセンブリング**

❶ 図 4.6 の［**コンポーネント**］パネル＞［**配置**］を選択すると，図 4.11 の［**コンポーネント配置**］のダイアログが開くので，配置するコンポーネントを選択し，**開く**ボタンをクリックします．

図 4.11　**配置するコンポーネントを選択**

＊固定アイコン上でポップアップメニューを表示して，固定状態を解除できます．

　　すると，図 4.12 のように，マウスカーソルが に変わるので，配置する場所でクリックします．さらにつづけてクリックすると，連続して同じパーツを配置できます．配置の終了は，右クリックしてポップアップメニューの［**OK**］を選ぶか，[Esc]キーを押します．最初に配置されたコンポーネントには，モデルブラウザ上で固定アイコン（ ）が表示されます．これは，配置されたコンポーネントが固定され，自由度がないことを示しています．

❷ 以下，同様の手順で図 4.10（a）のように，コンポーネントをアセンブリファイルに配置します．配置が終了したら，アセンブリファイルに名前を付けて保存します．

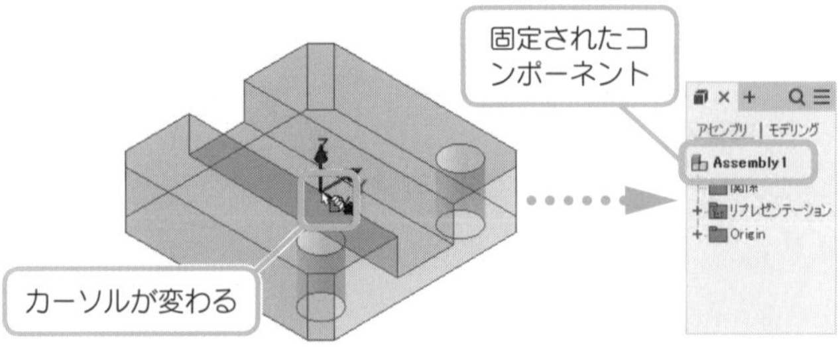

図 4.12　配置されたコンポーネントのモデルブラウザ上での表示

4.4.2　コンポーネント作成

アセンブリファイル内でアセンブリ作業中に，必要に応じて新しいパーツやコンポーネントを組み合わせたサブアセンブリを作成できます．

❶ ［コンポーネント］パネルの［作成］をクリックするか，グラフィックスウィンドウで右クリックし，図 4.13 のポップアップメニューの［コンポーネント作成］を選択します．

　図 4.14 の［コンポーネントをインプレイス作成］ダイアログが開くので，［テンプレート］のドロップダウンメニューから，Standard.ipt や Standard.iam などを選び，OK ボタンをクリックします．ここで，［新しいファイルの場所］の設定は必要に応じて指定しますが，プロジェクトに含まれているフォルダ以外を指定すると，つぎにアセンブリを開く際に，組合せに用いた関連ファイルを見つけられないことがあります．

＊アセンブリファイルの内で作成することから，インプレイスコンポーネントといいます．

図 4.13　コンポーネント作成

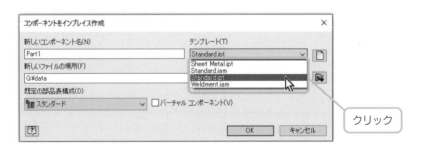

図 4.14　インプレイスコンポーネント作成のダイアログ

❷ つぎに，マウスカーソルが 👆 に変わった状態で，アセンブリコンポーネントの面やアセンブリ上の作業平面などをクリックすると，図 4.15 のように既存

のアセンブリは半透明となり，スケッチ平面が作成されます．ここで，**[選択した面にスケッチ平面を拘束]** をチェックすると，新しいパーツファイルの平面と選択した面との間にアセンブリ拘束のフラッシュ（**4.5.1 項**で説明）が自動的に付加されます．自動的に拘束がつくかどうかは，アセンブリのオプションで変更可能です．

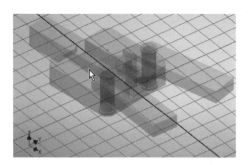

図 4.15 **コンポーネント上のスケッチ平面**

4.4.3 パターンコンポーネント

4

コンポーネントどうしを固定するときに複数のボルトの配置をするなど，アセンブリ上のコンポーネントをパターン化して配列する場合に，コンポーネントを 1 つひとつ作成・拘束していたのでは手間がかかって大変です．このような場合，1 つのコンポーネントを配置・拘束した後に，パターンコンポーネントの機能を利用することで効率的に配置作業を行うことができます．

つぎに，パターン化の手順を示します．

❶ 図 4.9 の [**パターン**] パネル> [**パターン**]（🏢）を選択すると，図 4.16 の [**パターンコンポーネント**] のダイアログが開きます．

❷ もととなるコンポーネントを で クリックしてから，ブラウザかグラフィックスウィンドウからパターン化したいコンポーネントを必要に応じて 1 つ，または複数選択します．

❸ 図 4.16 のタブから配置方法を選択します．配置には，**既存のフィーチャパターンに関連付け配置する方法**（🔗），**矩形状に配置する方法**（▦），**円形状に配置する方法**（❖）があります．

つぎに，それぞれの配置方法について説明します．

図 4.16 **パターンコンポーネントのダイアログ**

◆ フィーチャパターンの選択（関連付けによるパターンの配置）

図 4.17 のように，あらかじめ配置するフィーチャパターンがコンポーネント上に定義されている場合には，有用な機能です．

図 4.18 の［フィーチャパターンの選択］の枠内の 🔖 をクリックしてから，既存のフィーチャパターンをモデルブラウザかグラフィックスウィンドウで指定すると，フィーチャが図 4.17（a）のようにプレビューとして一点鎖線で表示されます．配置が確定すると，［フィーチャパターンの選択］の枠内の 🔖 の横にフィーチャパターンの形状名が表示され，そのパターンに合わせてコンポーネントが配置されます．図 4.18 の例では，**放射状パターン 1** と表示されます．

配置が不要なコンポーネントは，モデルブラウザの表示設定の省略をチェックします．

選択されたフィーチャ
パターンが一点鎖線で
プレビュー表示される

（a）プレビュー表示　　　　　　　　　　（b）円形状パターン

図 4.17　**既存のフィーチャパターンの選択**

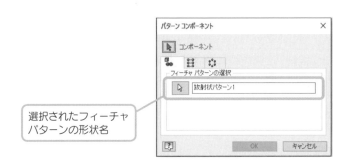

選択されたフィーチャ
パターンの形状名

図 4.18　**フィーチャパターンに関連付け**

◆ 矩形状パターンの配置

図 4.19 の矩形状のタブ（⣿）をクリックし，ダイアログを表示してから，オカレンスを行・列方向にそれぞれ指定した数（**列方向の数**：••• ，**行方向の数**： ⣿）と間隔（◇）で配置します．

まず，［列］，［行］の 🔖 をそれぞれクリックしてから，図 4.20 のようにエッジ（または軸）を指定し，定義した方向（図中の矢印）に配置します．

プレビューでコンポーネントの配置の状況を確認しながら，オカレンスの間隔と数（それぞれ既定値は 2）を決めます．なお，配置する方向が逆の場合には，**方向反転**（⬚）で，列または行の方向を反転します．

配置が完了すると，ブラウザには図 4.21 のように表示されます．

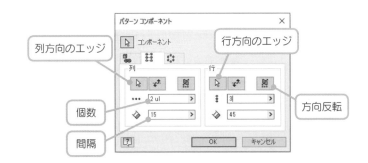

図 4.19　矩形状パターンのダイアログ

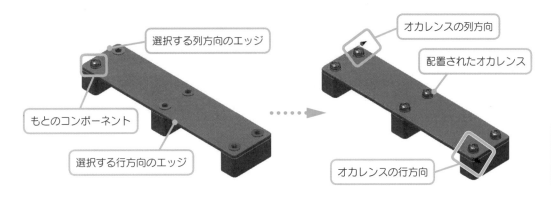

図 4.20　矩形状パターンの配置

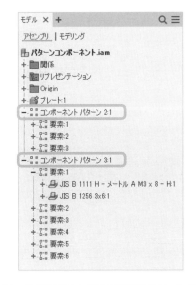

図 4.21　モデルブラウザでの矩形状パターンの配置

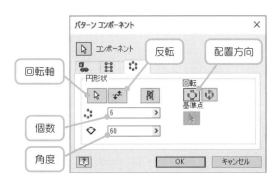

図 4.22　円形状パターンのダイアログ

図 4.23　AutoDrop

◆ 円形状パターンの配置

　図 4.22 の円形状のタブ（🔘）をクリックし，ダイアログを表示し，選択したコンポーネントを円のパターンに指定した**個数**（🔘）と**角度**（◇）で配置します．まず，**軸**の矢印アイコンをクリックしてから，オカレンスを配置するための軸（角度の回転軸）を指定します．

＊ AutoDrop（図 4.23）を使用すると効率よく配置できます．詳しくは p.126 のコラムを参照．

＊クランプ.iam のサンプ
ルを用います.

　プレビューでコンポーネントの配置の状況・矢印の方向を確認しながら，円のオ
カレンスの数（既定値は 4）を指定します.

　また，**角度**でオカレンス間の角度（既定値は 90 度）を指定します. なお，配置
する方向が逆の場合には，**方向反転**（）で円弧の方向を反転します.

　さらに，円弧状のパターンで配置するには，個数と角度を適切に組み合わせます
が，円のパターンで配置してから表示設定をチェックし，不要なオカレンスを表示
しないこともできます. たとえば，図 4.24 では，6 個のコンポーネント（オカレ
ンスは 5 個）を 60 度間隔で配置していますが，オカレンスの個数を 5 個より少な
くすると円弧状のパターンとなります.

　配置が完了すると，ブラウザには図 4.25 のように表示されます.

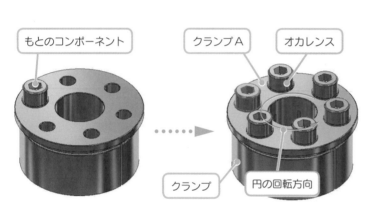

図 4.24　クランプに円形状パターンで配置する

図 4.25　モデルブラウザでの円形状パ
　　　　　ターンの配置

オカレンスおよびインスタンスとは

オカレンスとは，もととなるコンポーネントから派生し，繰り返し配置されている同一のコンポーネン
トやサブアセンブリのそれぞれのコンポーネントのことです. 複数レベルの階層構造のアセンブリ内でよ
く用いられます.
　オカレンスと似た言葉に**インスタンス**があります. インスタンスは，あるパーツ，フィーチャをもとに
してパターンやミラー操作などで作成・関連付けられた新たなパーツやフィーチャのことを表しています.

4.4.4　ミラーコンポーネント

　図 4.26 のように，アセンブリ上のコンポーネントに対して，拘束を含めて左右
対称のインスタンスを作成できます. ミラー操作されるコンポーネントは，対称面
を基準とした反対側の位置に反転して配置されます. 図 4.9 の［**パターン**］パネル
＞［**ミラー**］を選択すると，図 4.27 の［**ミラーコンポーネント**］のダイアログが
開きます.

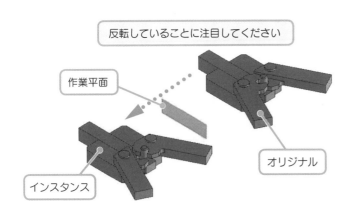

図 4.26　ミラーコンポーネント　　　　　　　図 4.27　ミラーコンポーネントのダイアログ

　図 4.27 の [**コンポーネント**] アイコン（🔲）をクリックし，対象となるコンポーネントを選択し，つづけて右側の [**対称面**] アイコン（🔲）をクリックしてからミラーの対称面を指定します.

　選択終了後に必要に応じて，つぎのステータスをクリックして変更します.

❖ **ミラー（🔁）**　ミラー化されたインスタンスを新しいアセンブリファイルに作成します.

❖ **再利用（➕）**　新しいインスタンスを現在のアセンブリファイル，または新しいアセンブリファイルに作成します.

❖ **除外（⚫）**　ミラー操作の対象からサブアセンブリ，またはパーツを除外します.

　ステータスを設定し，次へ ボタンをクリックすると，図 4.28 のダイアログが開くので，必要に応じてミラー操作で作成する新しいインスタンスに名前を割り当てます.

図 4.28　ミラーコンポーネントのインスタンスの表示

◆ **ミラーコンポーネントの配置例**

　アセンブリのミラー操作を行います.

　準備として，RobotHand.iam を読み込み，ミラーコピーの対称面となる作業平面を作成します.

① サンプルから RobotHand.iam を読み込みます.

② ロボットハンドの側面を基準に, ［アセンブリ］タブ＞［作業フィーチャ］＞［平面からのオフセット］をクリックし, 図4.29のように, 30 mm 離れた位置に作業平面を作成します.

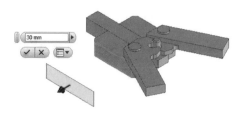

図 4.29　ミラーコンポーネントの作業平面

③ ［アセンブリ］タブ＞［パターン］＞［ミラー］を選択すると, ダイアログが開きます. ［コンポーネント］をクリック後に, ［モデルブラウザ］の RobotHand.iam をクリックすると, 図4.30のようになります.

④ つぎに, ダイアログの［対称面］をクリックしてから, 先ほど作成した作業平面をクリックすると, 図4.31のようにミラーコピーできます.
※ミラーコピーした場合に寸法がずれるときは個別に変更する.

図 4.30　ミラーコンポーネントのダイアログ

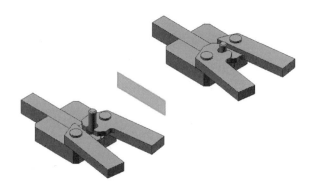

図 4.31　ミラーコンポーネントの配置結果

4.4.5　コピーコンポーネント

アセンブリ上のコンポーネントに対して, 図4.32のように拘束を含めてインスタンスを作成することができます. 図4.9の［パターン］パネル＞［コピー］を選択すると, 図4.33の［コピーコンポーネント］のダイアログが開きます.

図4.33の［コンポーネント］アイコン（🔖）をクリックし, 対象となるコンポーネントを配置します.

選択終了後に必要に応じて, つぎのステータスをクリックして変更します.

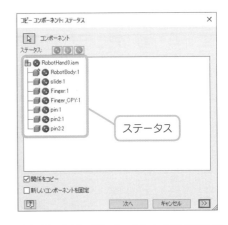

図 4.32　**コピーコンポーネント**　　　図 4.33　**コピーコンポーネントのダイアログ**

- **コピー（🌐）**　コピーされたインスタンスを新しいアセンブリファイルに作成します.
- **再利用（➕）**　新しいインスタンスを現在のアセンブリファイル, または新しいアセンブリファイルに作成します.
- **除外（🚫）**　コピー操作の対象からサブアセンブリ, またはパーツを除外します.

　ステータスを設定し, 次へ ボタンをクリックすると, 図 4.34 のダイアログが開くので, 必要に応じてコピー操作で作成する新しいインスタンスに名前を割り当てます.

	ソース表示名	ソース ファイル名	表示名	ファイル名	位置	ステータス
1	⊟ RobotHand0.iam	RobotHand0.iam	RobotHand0.iam	RobotHand0.iam	〈ソース パス〉	新規ファイル
2	├ RobotBody:1	RobotBody.ipt	RobotBody_CPY	RobotBody_CPY.ipt	〈ソース パス〉	新規ファイル
2	├ slide:1	slide.ipt	slide_CPY	slide_CPY.ipt	〈ソース パス〉	新規ファイル
2	├ Finger:1	Finger.ipt	Finger_CPY1	Finger_CPY1.ipt	〈ソース パス〉	新規ファイル
2	├ Finger_CPY:1	Finger_CPY.ipt	Finger_CPY_CPY	Finger_CPY_CPY.ipt	〈ソース パス〉	新規ファイル
2	├ pin:1	pin.ipt	pin_CPY	pin_CPY.ipt	〈ソース パス〉	新規ファイル
2	└ pin2:1	pin2.ipt	pin2_CPY	pin2_CPY.ipt	〈ソース パス〉	新規ファイル

□ 新しいアセンブリを作成
表示名 〈ファイル名〉 ＋ ／ ファイル名 〈ソース ファイル名〉_CPY ＋ ／ 場所: 〈ソース パス〉 ／ 〈ソース パス〉 ＋
□ 増分　　〈 選択に戻る 〉　OK　キャンセル

図 4.34　**コピーコンポーネントのインスタンスの表示**

◆ コピーコンポーネントの配置例

アセンブリのコピー操作を行います.

準備として, **RobotHand.iam** を読み込み, コピーを作成します.

① 図 4.33 のように, サンプルから **RobotHand.iam** を読み込みます.
② [**アセンブリ**] タブ> [**パターン**] > [**コピー**] を選択するとダイアログが開き, [**コンポーネント**] をクリック後に, [**モデルブラウザ**] の **RobotHand.iam** をクリックすると, 図 4.32 のようになります.
③ つぎに, ダイアログの [**次へ**] をクリックし, 図 4.33 の [**コピーコンポーネント**] ダイアログの [**次へ**] をクリックすると, コピーされたコンポーネントが表示されます. つぎに配置する位置でクリックすると, インスタンスの表示は図 4.34 のようになります.

4.5　アセンブリ拘束

＊実際のアセンブリングはレッスン4.1で行います.

　3次元空間に配置・作成したコンポーネントや，コンポーネントを組み立てた**ア
センブリ**に対して，面どうし，エッジとエッジ，点と点，点と面などに相対的な位
置・角度などの関係を維持するための機能を**アセンブリ拘束**といいます.
　基本的な拘束の手順はつぎのようになります.

❶　図4.8の［**関係**］パネル＞［**拘束**］を選択すると，図4.35のように［**拘束を
指定**］のダイアログが表示されるので，**アセンブリ拘束のメイト，角度，正接，
挿入，対称度**の5種類から**アセンブリ拘束**のタイプを指定します.

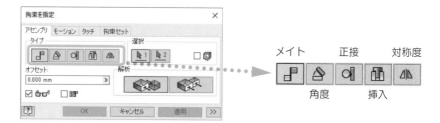

図 4.35　アセンブリ拘束のダイアログ

❷　［**選択**］のアイコン（ ）で，2つのコンポーネントのオブジェクトの面やエッ
ジなどを指定すると，図4.36のようにコンポーネントの配置方向を示す矢印
が表示されます.

・[Alt]キーを押しながら1つのコンポーネントをドラッグすることでも，拘束
を指定できます.
　※メイト拘束が適用されます. プレビューで確認できます.

・オブジェクトが多く，隠れて見えにくい場合には，モデルブラウザでコンポー
ネントを選び，重なるオブジェクトの［**表示設定**］のチェックを一時的には
ずします.

・拘束するコンポーネントが別のコンポーネントに隠れてしまっているような
ときには，合わせたカーソルが に変化してから，図4.37のように，
リストの候補から選択したいジオメトリをクリックします. または，［**最初**

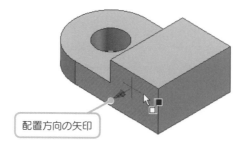

図 4.36　コンポーネントの配置方向を示す矢印

図 4.37　ジオメトリの選択リスト

にパーツをクリック]（  ）で，拘束の対象を1つのコンポーネントに限定します.

❸ 必要に応じて，拘束されたコンポーネント間のオフセット距離，角度などを入れます. 最後に，適用ボタンをクリックし，拘束を反映させます. 図4.38に適用の例を示します.

アセンブリ拘束が設定されると，選択したコンポーネント間の自由度が制限されますが，コンポーネントがどのように拘束されているかは，図4.39の［表示］タブ>［表示設定］パネル>［自由度］（ ）で確認できます. なお，アダプティブコンポーネントの場合は，拘束が指定されるとその影響でサイズや形状が変化することがあります.

*アセンブリ拘束は，モデルブラウザ上の当該の拘束上で右クリックし，省略をクリックすると拘束の適用を一時的に解除できます.

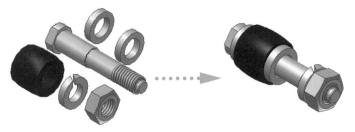

図4.38 アセンブリ拘束を適用して組立て

図4.39 自由度の表示

適用したアセンブリ拘束はモデルブラウザに表示されますが，対象となるパーツについて知りたい場合には，知りたいアイコンの上にマウスを置くと，図4.40のように表示され，対象となるパーツ，拘束のタイプ，オフセットなどを知ることができます.

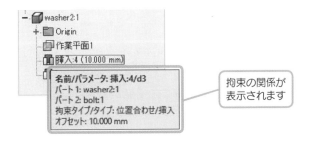

図4.40 拘束の関係の表示

アダプティブとは

アダプティブとは，アセンブリ時に，あるコンポーネントの幾何学的や寸法的なパラメータにほかのコンポーネントを自動的に適合させる機能のことです. たとえば，穴とシャフトを結合する場合，これらをアダプティブにすると，穴の直径にシャフトの径を自動的に適合させることができます

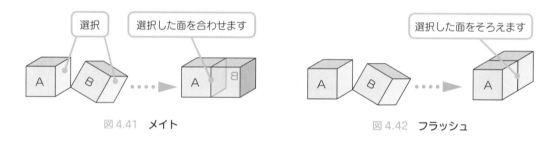

4.5.1　メイト拘束

メイト拘束（ ▯ ）には，拘束タイプとして，コンポーネントの面どうしが向き合うように配置される**メイト**（図4.41）と，面をそろえて配置する**フラッシュ**（図4.42）の2種類があります．

どちらの場合も，異なる2つのコンポーネントのオブジェクト（面，エッジ，頂点など）を指定し，オフセット距離が指定された場合にはその距離を保ちながら配置されます（図4.43）．

図 4.41　**メイト**　　　　　　　　　　　　図 4.42　**フラッシュ**

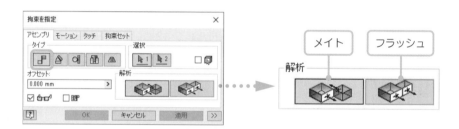

図 4.43　**メイト拘束のダイアログ**

メイト拘束が有効なオブジェクトの組合せの例を，図4.44，4.45に示します．

❖　**面と面**　面と面に拘束タイプの**メイト**を適用する場合，図4.44のように，反対の方向で面するか（**メイト拘束**），面どうしが同じ方向で面するか（**フラッシュ拘束**）を指定する必要があります．

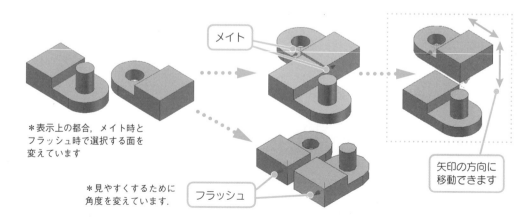

図 4.44　**面と面のメイト拘束**

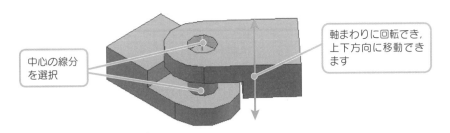

図 4.45　線分と線分のメイト拘束

❖ **線分と線分**　線分と線分に拘束タイプの**メイト**を適用する場合，図 4.45 のように軸の中心のジオメトリやエッジを選択します．この例では，上下方向の自由度は残っているのでコンポーネントは上下移動できます．

4.5.2 角度拘束

角度拘束（⬜）は，コンポーネントの面や線分の間で角度を設定する拘束です．面どうしや線分どうしだけでなく，面と線分の間で角度を付けることもできます．図 4.46 に，角度拘束のダイアログが開いた状態を示します．

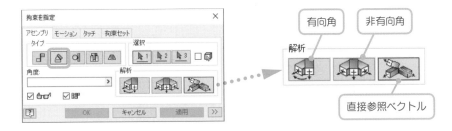

図 4.46　角度拘束のダイアログ

角度拘束は，2 つのコンポーネントのエッジ，または平面を指定した角度で拘束します．[**選択**] ボタン（⬚）でコンポーネントを選択する順番によって回転方向は変わります．また，図 4.47 のように，回転軸が拘束されている場合には，その軸を中心に角度が決まります．

*右手ルール：右手の親指を直角に立てて，それ以外の 4 本の指を揃えて広げて真直ぐに伸ばし，親指の先端を軸の＋方向としたとき，掌の方向を＋（CCW：反時計方向），逆の甲を－（CW：時計方向）とします．フレミングの右手の法則とは関係ありません．

・**有向角**：回転軸に対して右手ルールを適用します．
・**非有向角**：いずれか一方の方向に回転させることができます．拘束の駆動またはドラッグ中にコンポーネントの方向が反転するのを解決できます．
・**直接参照ベクトル**：既定値，最初の 2 つの選択をしたジオメトリで参照する 3 組目のジオメトリを選択できます．3 組目は回転軸となります．これは既定のタイプです．≫ をクリックしてユーザ制限を加えることができます．

バージョンによって異なりますが，経験的には既定値の**有向角**を選択し，[**オフセットと向きを予測**]（☑⬚）にチェックを入れると，より確実に角度拘束が適用できます．≫ をクリックしてユーザ制限を加えることができます．

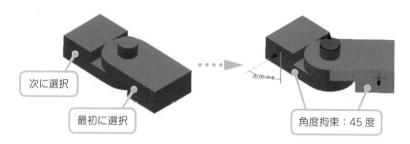

図 4.47　角度拘束の設定手順

4.5.3　正接拘束

正接拘束（⬛）は，面，平面や，円柱，球，および円錐などの表面を互いに接するように配置します．図 4.48 に，正接拘束のダイアログが開いた状態を示します．

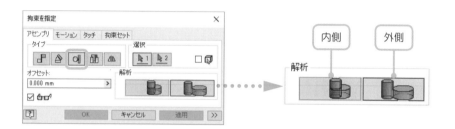

図 4.48　正接拘束のダイアログ

　拘束タイプには接する面の**内側**と**外側**があります．正接拘束によって，面が接した状態を維持します．

- **内側**：パーツどうしを内側の接点で接するように配置します．
- **外側**：パーツどうしを外側の接点で接するように配置します．既定の配置方向です．

図 4.49 にそれぞれの拘束タイプの例を示します．それぞれ，各コンポーネントで半円柱状の側面を選択し，正接拘束を適用しています．

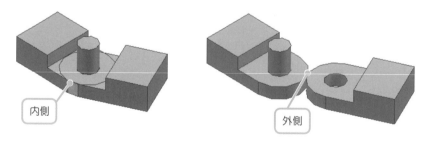

図 4.49　正接拘束のタイプ

4.5.4　挿入拘束

　挿入拘束（⬛）は，穴と軸などの間に拘束を適用します．挿入拘束は，平面どうしの拘束と軸どうしのメイト拘束を同時に適用したものと考えることができます．ボルトとナットの組合せなどに使用されます．図 4.50 に，挿入拘束のダイアログ

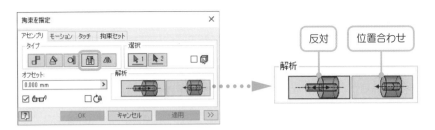

図 4.50　挿入拘束のダイアログ

が開いた状態を示します.

　拘束タイプには,接する面の**反対**と**位置合わせ**があります.挿入拘束によって挿入した状態を維持します.

　・**反対**:コンポーネントどうしを突き合わせるように拘束面を反転します.

　・**位置合わせ**:コンポーネントどうしを面合わせするように,2番目に選択されたコンポーネントの拘束面を合わせます.

図 4.51 に,それぞれの拘束タイプの例を示します.それぞれ,各コンポーネントで円柱部の軸とその軸のある段差面を選択しています.

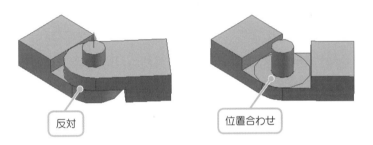

図 4.51　挿入拘束のタイプ

4.5.5　対称拘束

　対称拘束（▲）は,ジオメトリや作業平面などの**平面**を基準に2つのオブジェクトを対称に配置します（図 4.52）.解析タイプとしては,基準面と向かい合わせになる[**反対**]と,同じ側になる[**位置合わせ**]があり,図 4.53 のように選択します.

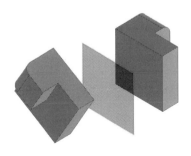

図 4.52　対称拘束

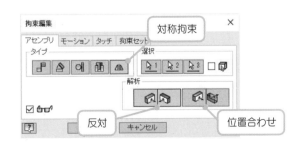

図 4.53　対称拘束のダイアログ

- ✥ **反対**　対称面となる平面に対して，反対側にオブジェクトを配置します（図 4.54）.
- ✥ **位置合わせ**　対称面となる平面に対して，同一側にオブジェクトを配置します（図 4.55）.

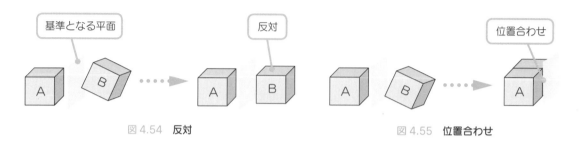

図 4.54　**反対**　　　　　　　　　　　　　　図 4.55　**位置合わせ**

◆ 対称拘束の例

アセンブリの対称拘束操作を行います.

図 4.56 のような図のコンポーネントを作成し，アセンブリファイルに図 4.57 のように作業平面を配置します. 手順は以下のようになります.

図 4.56　**対称拘束パーツ**　　　　　　　　図 4.57　**対称拘束の手順**

① 新規パーツファイルを開いて，図 4.56 の図を作成し，保存します.
② 新規アセンブリファイルを開いて，①で作成したコンポーネントを図 4.57 のように配置します.
③ [**作業フィーチャ**] > [**平面からのオフセット**] を選択し，右側の図の底面をクリックし，20 mm 離れた作業平面を配置します.
④ リボンで，[**アセンブリ**] タブ> [**関係**] パネル> [**拘束**] をクリックします.
⑤ [**拘束を指定**] ダイアログの [**タイプ**] で，[**対称拘束 ⚠**] をクリックします.
⑥ 1 番目のコンポーネントにおいて対称拘束する面をクリックし，つづけて 2 番目のコンポーネントの面をクリックします. そして，③で作成した作業平面（対称面）を選択します.
⑦ 解析タイプ（ここでは [**反対**]）を選択します. [**プレビューを表示**] が選択されている場合は，拘束が適用された状態（図 4.58）を確認できます. [**適用**] をクリックして拘束の指定を続行するか，[**OK**] をクリックして拘束の指定を終了し，ダイアログボックスを閉じます.

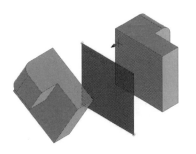

図 4.58 　対称拘束の結果

ジョイントについて

[ダイナミックシミュレーション] 環境では, **ジョイント**を使用することがよくあります. その場合, コンポーネントの配置とモーション（動作）の関係を決定します. 拘束は, アセンブリ内でコンポーネントどうしの配置に使用されます. アセンブリ環境では, コンポーネントをドラッグしたり, 拘束を駆動したりしてモーションできますが, ジオメトリのみが考慮され, 速度, 加速度, および荷重などには使用できません. コンポーネントを回転や移動させるシミュレーションの場合には, ジョイントが向いています. 最も一般的なジョイントのタイプは, 移動しないコンポーネントの固定に使用する**リジッド**です. ほかには, 図 4.59 に示すように, 標準ジョイント（回転, 円柱状, ボールなど）と高度なジョイント（接触, 回転, スライダなど）などの種類があります.

（a）ジョイント配置のダイアログ

（b）　ジョイントのタイプ

図 4.59 　ジョイント

それぞれのタイプの特徴を以下に示します.
◆ [自動] 　自動的に, つぎのジョイントタイプのいずれかに決定します.
　・選択した 2 つの原点が円の場合は, [回転] が選択されます.
　・選択した 2 つの原点が円柱上の点の場合は, [円柱状] が選択されます.
　・選択した 2 つの原点が球上の点の場合は, [ボール] が選択されます.
　・その他の原点を選択した場合は, [リジッド] が選択されます.
◆ [リジッド] 　配置したコンポーネントの自由度をすべて除去します. 溶接接続, ボルト締結接続のような移動しない場合に使用します.
◆ [回転] 　コンポーネントに回転自由度を 1 つ指定します. ヒンジ, 回転レバーのような回転する場合に使用します.
◆ [スライダ] 　コンポーネントに移動自由度を 1 つ指定します. トラック内で移動するスライドブロックのような場合に使用します.
◆ [円柱状] 　コンポーネントに 1 つの移動自由度と 1 つの回転自由度を指定します. 穴の中の軸の動きのような場合に使用します.

◆ **[平面]**　コンポーネントに直線の垂直な 2 つの移動自由度と 1 つの回転自由度を指定します．平面上にコンポーネントを配置する場合に使用します．コンポーネントは平面上で，回転またはスライドすることができます．

◆ **[ボール]**　コンポーネントに回転自由度を 3 つ指定します．ボールとソケットジョイントのような場合に使用します．

図 4.60 のようなゼネバ機構に対して，ジョイントと拘束を付加した場合のブラウザの例を図 4.61 に示します．シミュレーションをどちらの場合も同じようにするためには，拘束の場合，変化させるための角度拘束を付加する必要があります．ジョイントの場合は，回転を変化させるだけで済みます．

※ダウンロードファイル内にサンプルファイル（**SlotZenev.iam**）があります．

(a) 拘束の例　　　　　(b) ジョイントの例

図 4.60　**ゼネバ機構**　　　　　　　　　図 4.61　**ブラウザ表示**

ダイナミックシミュレーションは Inventor に統合された機構解析ソフトウェアです．作成したアセンブリ条件を利用して，簡単に動きの解析を行えます．計算結果として，位置，速度，加速度，軌跡などのデータが得られます．

コンポーネントの置換

　配置したアセンブリやアセンブリパターンのコンポーネントを設計変更する場合，図 4.62 のように，ほかのコンポーネントに置き換える**置換機能**を利用します．置換後のコンポーネントやパーツの形状が異なる場合には，適用後にアセンブリ拘束をやり直す必要がある場合もあります．

　また，あらかじめ初期の設計段階でプレースホルダー（代替物）として仮のコンポーネントを配置して，最終的に本来使用するコンポーネントや標準コンポーネントに交換する場合に利用できます．

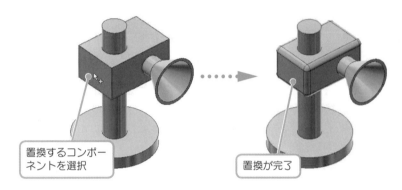

置換するコンポーネントを選択

置換が完了

図 4.62　**コンポーネントの置換**

　アセンブリファイルのコンポーネントを置換する手順は，つぎのようになります．

❶　図 4.6 の［**コンポーネント**］パネル＞［**置換**］（🔲）を選択します．

❷　図 4.62 のように，置換の対象となるコンポーネントをマウスでクリックします．つづけて ENTER キーを押すか，マウスの右ボタンをクリックして，マーキングメニューで 続行 をクリックします．

❸　図 4.63 の［**コンポーネント配置**］のダイアログが開くので，配置するコンポーネントを選択します．ここで，「**拘束が失われた可能性があります**」というメッセージが表示されることがありますが，ここではそのまま 開く ボタンをクリックします．

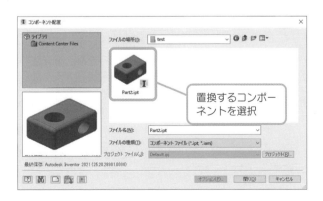

置換するコンポーネントを選択

図 4.63　**置換するコンポーネントの選択**

4.7 コンポーネントの移動・回転

　　拘束を適用する場合に，通常の回転では，グラフィックスウィンドウにあるコンポーネント全体が回転しますが，そのままでは拘束が適用しにくい場合に，適切な位置となるように個別にコンポーネントを移動したり，回転したりすることで位置関係を調整します．ただし，最終的には拘束による配置が有効となります．

　　具体的には，図4.7 の［**位置**］パネルの［**自由移動**］ツール，［**自由回転**］ツール，［**グリップスナップ**］ツールを用いて，図4.64，4.65 のように，拘束に関係なくコンポーネントをドラッグして一時的に移動，回転することができます．

図4.64　**コンポーネントの移動**

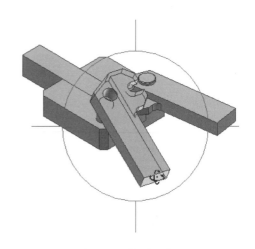

図4.65　**コンポーネントの回転**

　　ここで，**グリップスナップ**とは，1 つまたは複数のアセンブリコンポーネント，サブアセンブリなどを正確に移動または回転するツール（図4.66）のことです．

図4.66　**グリップスナップ**

4.8　サブアセンブリ

　サブアセンブリとは，アセンブリファイルで組み立てようとしているアセンブリ（**メインアセンブリ**ともいいます）内で利用されるアセンブリのことで，図 4.67 のようにブラウザで表示されます.

　サブアセンブリの作成方法としては，つぎの 2 種類があります.

▶通常のアセンブリファイルとして保存したものを，アセンブリパネルのコンポーネントの配置で読み込んで配置する.

▶［コンポーネントをインプレイス作成］（図 4.68）で，アセンブリテンプレート "Standard.iam" を選択して，作業中のメインアセンブリ内でサブアセンブリを作成する.

※［コンポーネントをインプレイス作成］を選ぶには，ブラウザまたは画面上で右クリックして，マーキングメニューから［**コンポーネントを作成**］をクリックします.

図 4.67　サブアセンブリの表示

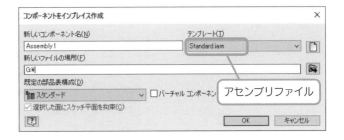

図 4.68　メインアセンブリ内でサブアセンブリの作成

　コンポーネントをインプレイス作成する方法では，空のサブアセンブリが作成されるので，コンポーネントを読み込むなどの手段でアセンブリ作業を行うか，図 4.69 のように，モデルブラウザ内でコンポーネントやサブアセンブリを複数指定して，ドラッグ＆ドロップでサブアセンブリに追加します.

　作成したサブアセンブリは，図 4.69 のように 1 つのコンポーネントとして配置することができます．また，もとのアセンブリを変更した場合，その変更はサブアセンブリにも反映されます.

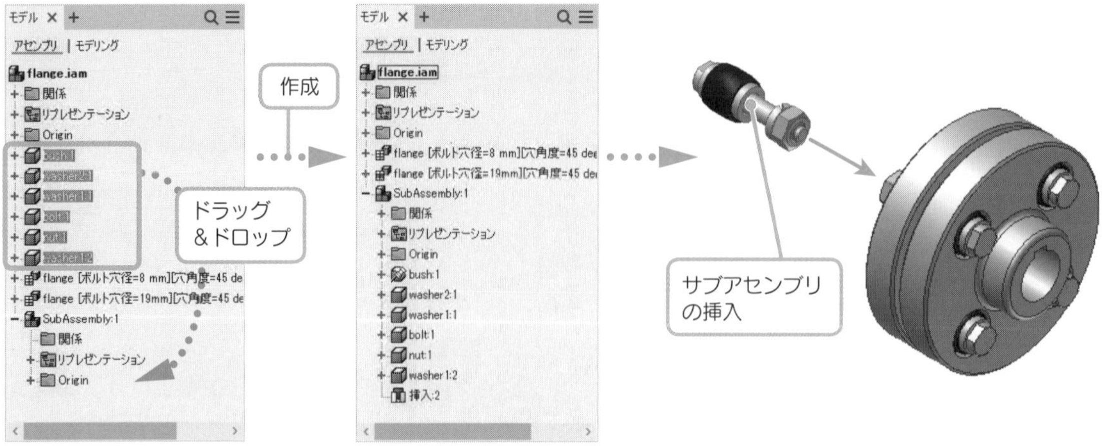

図 4.69　サブアセンブリの作成と挿入

COLUMN

AutoDrop の使い方

　各種の設定や配置の際に **AutoDrop** を使用すると，標準コンテンツが自動的にサイズ調整されて配置されます．AutoDrop を使用して配置できるコンポーネントには，ボルト（[**ボルト**]，[**その他**] のボルトを除く），ナット，座金（球面座金を除く），クレビスピン，軸受，止め輪などがあります．アセンブリの場合は，リボンで，[**アセンブリ**] タブ＞[**コンポーネント**] パネル＞[**コンテンツセンターから配置**] の順にクリックし，[**カテゴリ表示**] ツリー内を移動し，適切なファミリを検索します．

　配置は，たとえば図 4.70 のように，対象の穴エッジをクリックします．[**AutoDrop**] ツールバーが [**パターンを参照**] スイッチ付きで表示されます．

図 4.70　AutoDrop の使い方

　参照するパターンと数量は，それぞれ図 4.71，図 4.72 のように確認できます．

　また，図 4.73 のように [**配置**] のアイコン（🔧）をクリックすると，パターンで配置されます．図 4.74 のように [**適用**] のアイコン（✔）をクリックすると，パターンではなく 1 つのコンポーネントが挿入されます．サイズ変更は図 4.75 のアイコンをクリックして行います．

図 4.71　パターンを参照

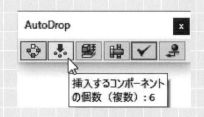

図 4.72　挿入数の確認

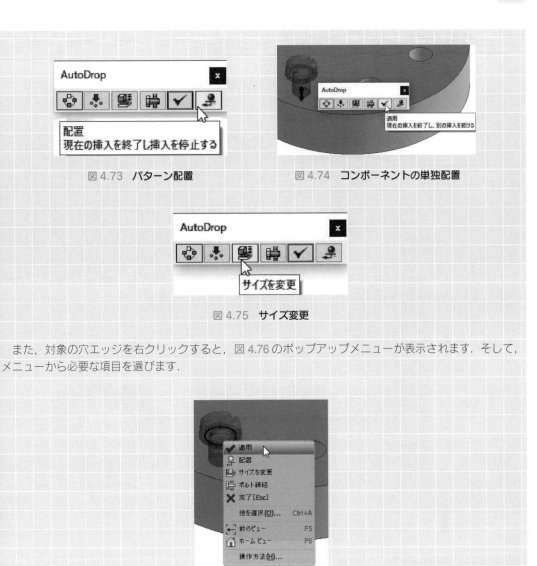

図 4.73　パターン配置　　　　　　　　　　　図 4.74　コンポーネントの単独配置

図 4.75　サイズ変更

　また，対象の穴エッジを右クリックすると，図 4.76 のポップアップメニューが表示されます．そして，メニューから必要な項目を選びます．

図 4.76　挿入のポップアップ

4

コンテンツセンター

　コンテンツセンターには，パーツとして，ケーブル＆ハーネス，シートメタル，チューブ＆パイプ，締結器具などの標準部品や各種のフィーチャがあらかじめ用意されています．

　アセンブリの際に，グラフィック画面で右クリックしてポップアップメニューを表示し，図4.77（a）のように，[コンテンツセンターから配置] を選択するか，図4.77（b）[コンポーネント] パネル> [コンテンツセンターから配置] のアイコンをクリックすると，図4.78の [コンテンツセンターから配置] のダイアログが開きます．このダイアログで必要なパーツを選択配置し，必要に応じてねじの種類や径なども選択します．

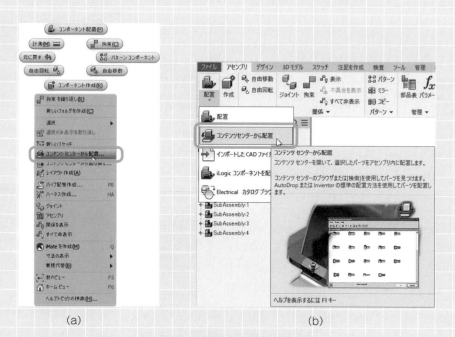

(a)　　　　　　　　　　　　　　　　　　(b)

図4.77　コンテンツセンターの利用

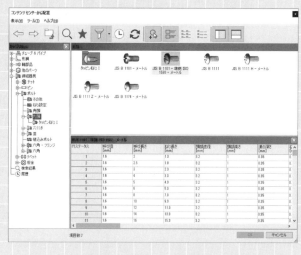

図4.78　コンテンツセンターから配置のダイアログ

　ここでは，アセンブリの練習として，**第3章**で作成したフランジ形たわみ軸継手を図 4.1 に示すように組み立てます．

1　まず，Standard.iam の新規ファイルを作成し，一度，flange.iam とファイル名を変更して保存します．つぎに，[**アセンブリ**] タブ > [**コンポーネント**] パネル > [**コンポーネント配置**] を選択し，図 4.79 の [**コンポーネント配置**] のダイアログを開いて，**第3章**で作成したフランジのファイル flange.ipt を選択し，開くボタンをクリックします．

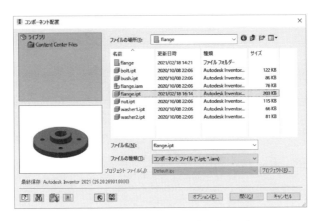

図 4.79　**配置するコンポーネントの選択**

　図 4.80 の画面が表示されたら，コンポーネントを右クリックして，図 4.81 のようにマーキングメニューから，[原点に固定して配置（G)」をクリックし，配置します．

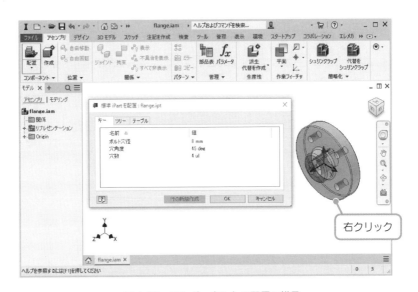

図 4.80　**コンポーネントの配置の様子**

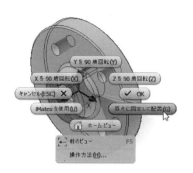

図 4.81　コンポーネントの原点固定配置

2　組み合わせる反対側に配置するフランジは，配置したフランジとほぼ同じ形状
ですが，4つの穴径をゴムブッシュが入る大きさに広げる必要があります．こ
の場合，同じファイル flange.ipt をあらかじめフォルダ内で複写し，穴径を変
更してもよいのですが，フランジのように形状がほぼ同じ場合には，Inventor
の機能として用意されている iPart が利用できます．

　ここでは，iPart を利用して反対側のフランジを配置することにします．
iPart については**第6章**「応用操作」で詳しく説明しますので，ここでは必要
な操作のみを説明します．

　まず，1つ目のフランジ flange.ipt を新たに開いて読み込んだ状態で，[**管理**]
タブ>[**パラメータ**]をクリックし，図 4.82 のようにパラメータ設定画面を
表示します．

＊自動で作成されたパラ
メータ名 d0，d1，…は
作成手順によって，図の
ようにならない場合があ
ります．

パラメータ名	使用者	単位/タイプ	計算式	表記値	寸法公差	モデル値	キー	エクス	コメント
モデル パラメータ									
d0	スケッチ1	mm	90 mm	90.000000	●	90.000000	□	□	
d1	押し出し1	mm	14 mm	14.000000	●	14.000000	□	□	
d2	押し出し1	deg	0.0 deg	0.000000	●	0.000000	□	□	
d3	スケッチ2	mm	35.5 mm	35.500000	●	35.500000	□	□	
d4	押し出し2	mm	14 mm	14.000000	●	14.000000	□	□	
d5	押し出し2	deg	0.0 deg	0.000000	●	0.000000	□	□	
d6	スケッチ3	mm	20 mm	20.000000	●	20.000000	□	□	
d7	スケッチ3	mm	6 mm	6.000000	●	6.000000	□	□	
d8	スケッチ3	mm	11.86 mm	11.860000	●	11.860000	□	□	
d10	押し出し3	deg	0.0 deg	0.000000	●	0.000000	□	□	
ボルト穴径	スケッチ4	mm	8 mm	8.000000	●	8.000000	□	□	
穴角度	スケッチ4	deg	45 deg	45.000000	●	45.000000	□	□	
d15	スケッチ4	mm	30 mm	30.000000	●	30.000000	□	□	
d15	押し出し4	deg	0.0 deg	0.000000	●	0.000000	□	□	
穴数	矩形状パター…	ul	4 ul	4.000000	●	4.000000	□	□	
d17	放射状パター…	deg	360 deg	360.000000	●	360.000000	□	□	
d19			1 mm	1.000000	●	1.000000	□	□	
d22			2 mm	2.000000	●	2.000000	□	□	
ユーザ パラメータ									

名称変更

数値を追加　｜▼　　更新　　未使用の項目を削除　　　　公差をリセット　＋ ▲ ● －　　≪ シンプル

リンク　☑すぐに更新　　　　　　　　　　　　　　　　　　　　　　　　完了

図 4.82　パラメータの設定

　パラメータ設定画面の表示のように，該当するパラメータ名をクリックし，
[**ボルト穴径**]，[**穴角度**]，[**穴数**]と変更し，完了ボタンをクリックします．
マウスカーソルをパラメータ名上に移動すると，図 4.83 のように使用されて
いるスケッチ名が表示されます．

ボルト穴径	スケッチ4	mm	8 mm
▶ 穴角度	スケッチ4	deg	45 deg
穴19	スケッチ4	mm	30 mm
穴角度 は スケッチ4 で使用されています			0.0 deg
穴数	放射状パターン	ul	4 ul

図 4.83　**使用スケッチ名の表示**

3 つぎに，iPart の作成を行います．[**管理**] タブ > [**オーサリング**] パネル > [**iPart を作成**] を選択すると，図 4.84 のように [**iPart を作成**] ダイアログが表示されます．先ほど変更したパラメータ名が右の**リストボックス**に表示され，同時に，下のテーブルに表示されることも確認してください．

　つづけて，図 4.85 のように右クリックして [**行を挿入**] を選択し，テーブルの行を追加します．その行のボルト径の値を，対応するフランジの穴径である 19 mm に変更します．

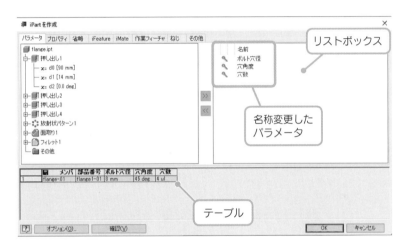

図 4.84　**iPart を作成のダイアログ**

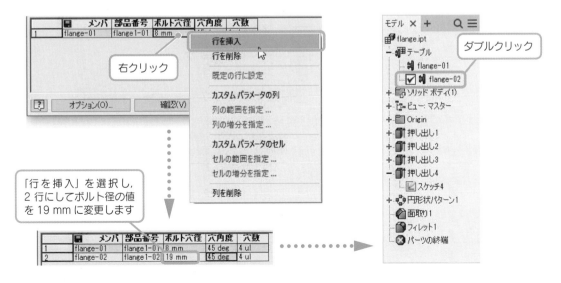

図 4.85　**iPart の追加**

　　この操作により，このフランジは穴径の異なる2つのインスタンスをもつ
ことが可能となります．モデルブラウザにはテーブルのアイコンが表示され，
インスタンスが2つあることがわかります．チェックが付いているほうが現
時点で表示されている iPart を示しています．flange-02 のアイコン（⊕）を
ダブルクリックするか，右クリックしてポップアップメニューの［**アクティブ
化**］をクリックすると，別のインスタンスに切り替わることが確認できます．
ここで一度，flange.ipt を保存します．

④　flange.iam を新規に開き，［コンポーネント］パネル＞［配置］ツールを選択し，
先ほど iPart とした flange.ipt を選択します．そして，図 4.86 の［**標準 iPart
を配置**］ダイアログのテーブルでボルト穴径 19 mm の行を選択し，OK をク
リックして配置します．

　　この操作により，図 4.87 のように穴径の異なるフランジが配置されたこと
を確認してください．配置されたコンポーネントは，**モデルブラウザ**上に

図 4.86　iPart の配置

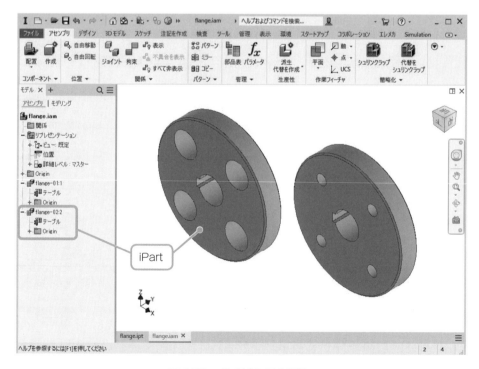

図 4.87　インスタンスの配置

flange-02：2 のように表示されます.

5　つぎに, 配置した 2 つのフランジの中心を 3 mm のオフセットで結合し, 組み立てます. [関係] パネル＞ [拘束] ツールで図 4.88 のように**挿入**拘束を選択してから対象となる軸穴をクリックし, 適用ボタンをクリックします. 軸穴が見えにくい場合には, ViewCube (p.8) を使って見やすい位置関係にしてください.

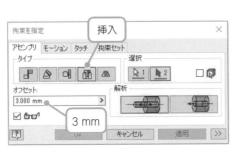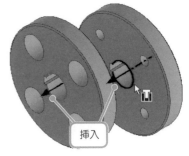

図 4.88　**フランジの組立て**

　この操作により図 4.89 のように結合されますが, キー溝がずれている場合には図 4.90 のように, [拘束] ツールの**メイト**を選択して, 2 箇所のエッジを選択してキー溝のずれを修正します.

図 4.89　**組み合わさったフランジ**　　　　　　　図 4.90　**エッジのずれの調整**

6　フランジにつづいて, 図 4.91 のように必要なパーツを [コンポーネント配置] で呼び出して配置し, 継手ボルトを組み立てます. 組立ての手順を図 4.92 に示します. 組立ては, [拘束] ツールの**挿入**で行いますが, ViewCube (p.8) を使って見やすい視点にしながら作業します.

　また, 拘束作業がしやすいように, 個々のパーツの向きの調整は [位置] パネルの [**自由移動**], [**自由回転**] ツールを適宜使用します.

図 4.91　残りのアセンブリパーツの配置

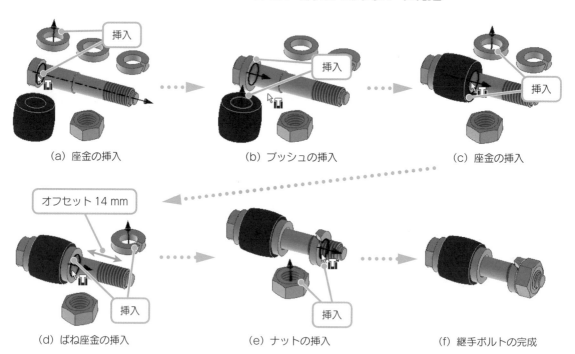

（a）座金の挿入　　　　　　　　　（b）ブッシュの挿入　　　　　　　　（c）座金の挿入

オフセット 14 mm

（d）ばね座金の挿入　　　　　　　（e）ナットの挿入　　　　　　　　（f）継手ボルトの完成

図 4.92　継手ボルトの組立て

7　組み上がった継手ボルトは，フランジに 4 本付けることになりますが，上記の組立て作業を繰り返すのは手間ですから，サブアセンブリにします．まず，図 4.93 のように，[コンポーネント] パネル＞ [作成]（🖾）ツールで [コンポーネントをインプレイス作成] ダイアログを開き，[新しいコンポーネント名]を SubAssembly1，[テンプレート] を Standard.iam とします．[新しいファ

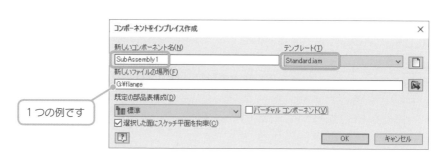

1 つの例です

図 4.93　サブアセンブリの作成

イルの場所] は，特に変更がなければそのままにします．

　設定が完了し，OKボタンをクリックすると，カーソルが🖱に変わるので，画面の任意の位置をクリックします．つぎに［アセンブリ］タブの［戻る］パネル（↩）を押してもとの画面に戻すと，図 4.94 のようにサブアセンブリのSubAssembly1：1 がモデルブラウザ上にできています．

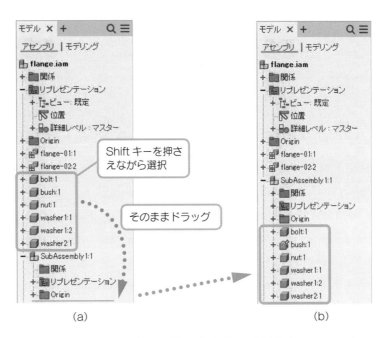

図 4.94　**ドラッグしてサブアセンブリを作成**

⑧ サブアセンブリに組み上がった継手ボルトを，図 4.94（a）のように構成するパーツをShiftキーを押しながらクリックして選択し，そのままサブアセンブリ内にドラッグして登録すると，図（b）のようになります．

　この場合，図 4.95 のダイアログが表示されますが，ここでははいボタンをクリックします．

　サブアセンブリに含まれるパーツは，互いの拘束関係も維持したまま登録されます．このサブアセンブリは，ファイルを保存した段階で自動的にSubAssembly1 として保存されます．

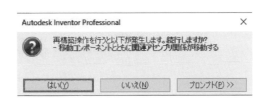

図 4.95　**サブアセンブリにする際の警告表示**

⑨ 継手ボルトをフランジにはめ込みます．［関係］パネル＞［拘束］ツールを選択し，図 4.96 のように**挿入**でフランジと継手ボルトのエッジをそれぞれ選択して拘束します．拘束が完了すると，図 4.97 のようになります．

フランジのエッジ

継手ボルトのエッジ

図 4.96　**フランジと継手ボルトの拘束**

図 4.97　**組み上がったフランジと継手ボルト**

10　残りの継手ボルトをサブアセンブリとしてフランジにはめ込みます．図 4.98
のように，SubAssembly1：1 をクリックしてからグラフィックスウィンドウ
にドラッグ＆ドロップします．SubAssembly1：2 ～ SubAssembly1：4 までサ
ブアセンブリをつづけてグラフィックスウィンドウに配置したら，図 4.96 と
同様に［位置］パネル＞［拘束］ツールを選択し，図 4.99 のように**挿入**で残
りの継手ボルトをボルト穴に拘束すると組立ては完了です．完成したコンポー
ネントをファイル名"flange.iam"で保存します．

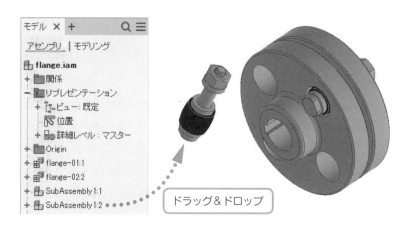

ドラッグ＆ドロップ

図 4.98　**サブアセンブリの継手ボルトを配置**

図 4.99　**組立て完了したフランジ**

演習問題

● **4.1** 本文中で説明した拘束について，図 4.100 のようなコンポーネントを作成し，メイト拘束，角度拘束，正接拘束などを実際に適用して，その働きを確認しましょう．図の寸法は特に定めませんので適宜決めてください．

図 4.100

● **4.2** 図 4.101 のようにロボットハンドの各部品のスケッチを描いて，それぞれフィーチャを作成し，図 4.102 のように組み立てましょう．ただし，ツメの部分はコピーコンポーネント，ミラーコンポーネントなどの機能を利用して反対側を作成します．ファイル名を"**ロボットハンド .iam**"として保存します．

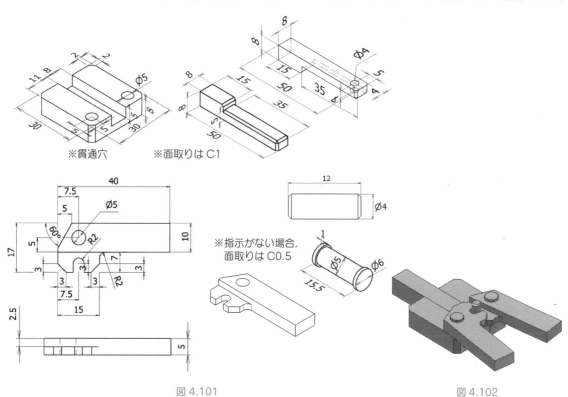

図 4.101　　　　　　　　　　　　　　　　　　　　　図 4.102

※ここで，いくつか注意点があります（演習問題 6.4 にも関連）．

・中央のロッドと 2 つのツメは正接で拘束します．
・拘束の際に見にくい場合は，適宜，表示設定をオフにしてください．
・［**オプション**］＞［**ドキュメント設定**］＞［**モデリング**］＞［**インタラクティブな接触**］で「すべてのコンポーネント」「すべてのサーフェス」とすると，スライド部を動かすと接触時に止まります．

●**4.3**　図 4.103 は，サンプルファイルのはさみを開閉した状態を表しています．この図を参考にオリジナルデザインのはさみを設計・作図し，開閉できるように適切な拘束を適用してください．

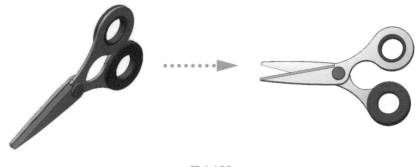

図 4.103

第5章

2次元図面

この章では，3次元 CAD のデータから 2 次元図面を作成する方法について説明します．3次元 CAD の設計結果をもとに機械加工や組立てをする際には，製作現場で 2 次元図面が必要になる場面が頻繁にありますが，3 次元のデータがあれば，新たに 2 次元図面を作図する必要はなくなります．

この章で学習すること

☞ 2 次元図面作成の概要

☞ 2 次元図面作成のワークフロー

☞ 図面ビューの作成

☞ 図面規格の基本設定

☞ 図面のリソース

☞ ベースビュー

☞ 投影図

☞ 断面図と詳細図

☞ 図面注釈

☞ 演習問題【3 題】

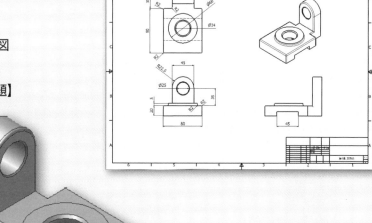

◆ ◆ ◆ コラム ◆ ◆ ◆

5.1　2次元図面作成の概要

Inventorでは，作成した3Dソリッドやアセンブリされた3次元のモデルがあれば，ある一定方向から平面上に投影した**図面ビュー**をもとに，簡単に2次元の図面を作成できます．2次元の図面ファイルの上に，図面ビューである正面図，平面図，側面図，等角図などを配置して，任意の**マルチビュー図面**（製図における第三角法の図面もその一種です）を作成できます（図5.1）．この図面ビューには，ほかに正投影図，補助投影図，詳細図，断面図などがあります．

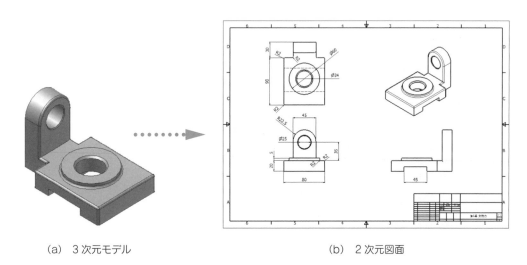

(a)　3次元モデル　　　　　　　　　　　　(b)　2次元図面

図5.1　**3次元モデルから2次元図面**

*モデル寸法の編集は，寸法を選び，右クリックして行います．表示されるメニューから［モデル寸法を編集］を選択し，編集ボックスの寸法を変更します．

Inventorでは，図面にビューを作成すると，図面ファイルとパーツアセンブリファイル間でデータがリンクされます．（インストール時にモデル寸法を図面から編集するオプションを選択した場合）もとの3次元モデルの形状や寸法が変更されると，図5.2のように関連付けされた図面ビューが連動して自動的に変更されます．また，寸法を自動取り込みした場合（**モデル寸法**といいます）には，2次元図面のモデル寸法を変更すると逆に3次元のパーツ側も更新されます．

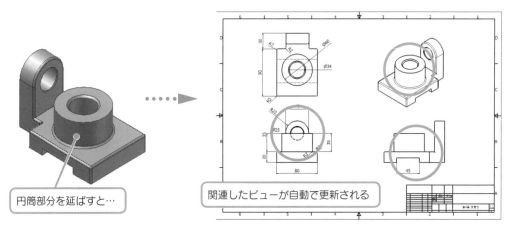

円筒部分を延ばすと…

関連したビューが自動で更新される

図5.2　**3次元モデルの変更が2次元図面に反映**

5.2 2次元図面作成のワークフロー

2次元図面作成のおおまかなワークフローは，図 5.3 のようになります．

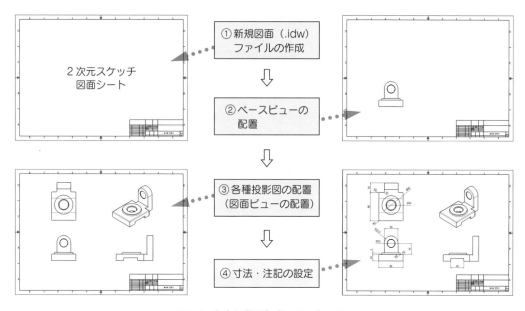

図 5.3 **2次元図面作成のワークフロー**

図 5.3 の流れを解説すると，つぎのようになります．

＊ IDW は Inventor のネイティブフォーマットです．DWG は AutoCAD 固有です．どちらのフォーマットも同じ図面が生成されます．

① 新規図面ファイル（拡張子は .idw または .dwg）を開き，出力先の用紙に相当する**図面シート**（一般のエンジニアリング図面で使用する製図用紙に相当します）を作成します．

② 図面シート上に，3次元パーツアセンブリなどのモデルをもとにした**ベースビュー**を配置します．このビューは投影図や補助投影図など，以後作成するビューのための基本の図となります．

③ 必要な各種投影図を配置します．これを Inventor では，**図面ビュー**といいます．パーツアセンブリをある一定の方向から平面上に投影した図のことです．

④ 必要に応じて寸法や注釈，製図記号などを追加し，図面を完成します．
さらに，詳細図以外の従属ビューの尺度の設定，従属する正投影図の表示スタイルなどを設定することができます．

このように，モデルを図面化する場合は必ず，シート上に任意の数のビューを作成する必要があります．また，図面ビューは，アセンブリのデザインビューやプレゼンテーションビューからも作成することができます．

5.3　図面ビューの作成

新規に図面ファイルを作成する場合には，図 5.4 の［**新規ファイルを作成**］ダイアログの［**図面**］の Standard.idw を選択し，図 5.5 の図面シートを開きます．

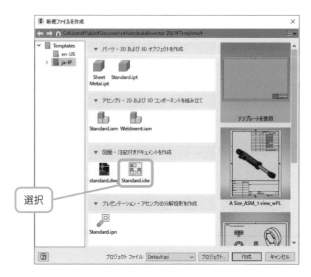

図 5.4　図面シートの新規作成

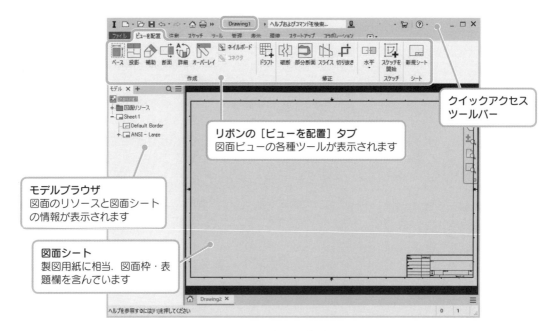

図 5.5　図面ビューの作成画面

図面シートを開くと，クイックアクセスツールバーに図面名の **Drawing1** が表示されます．**5.2 節**の **2 次元図面作成のワークフロー**で示した一連の流れの作業は，図 5.5 の［**ビューを配置**］タブ＞［**作成**］パネルの各種ツールを使用して行います．

5.3.1　作成パネル

　図5.6（a）に示す［**作成**］パネルの主なツール（図面ビュータイプ）について説明します．

- ❖ **ベースビュー**　選択すると［**図面ビュー**］のダイアログが開きます．これで作成する**ベースビュー**は，以下に並ぶ一連のアイコンの各図（投影図，補助投影図，断面図，詳細図，破断図）のもとの図として使用されます（図5.7参照）．
- ❖ **投影図**　ベースビューから目的の位置に投影することで，第一角図法か第三角図法で投影図を作成できます．等角図の作成にはこのツールを使用します．
- ❖ **補助投影図**　ベースビューのエッジまたは線分から投影することで，補助投影図を作成します．補助投影図は，ベースビューに位置合わせされます．
- ❖ **断面図**　ベースビュー，投影図，補助投影図，部分断面図，破断図などを親ビューとして，全断面図，半断面図，オフセット断面図，位置合わせされた断面図が作成できます．断面図は親ビューに自動的に位置合わせされます．
- ❖ **詳細図**　ベースビュー，投影図，補助投影図，部分断面図，破断図などの特定の部分の詳細な図面ビューを作成します．
- ❖ **ドラフト**　ドラフト用のスケッチ環境で空のビューを作成します．

（a）作成パネル

（b）修正パネル

図5.6　**作成パネルと修正パネル**

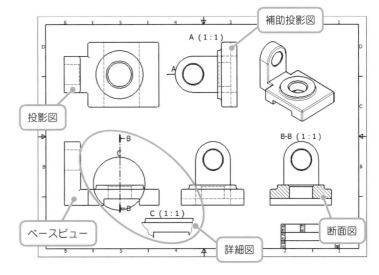

図5.7　**各種の図面ビュー**

　その他，図5.6（b）に示す［**修正**］パネルには以下のツールもあります．

- ❖ **破断図**　コンポーネントのビューが図面の長さを超える場合や，重要でないジオメトリ（シャフトの軸部など）が大きな領域を占める場合に作成します．
- ❖ **部分断面図**　定義した領域を材料から取り除いて，既存の図面ビュー内の隠れたパーツやフィーチャが表示されるようにします．親ビューは，部分断面の境界を定義したプロファイルを含むスケッチに関連付ける必要があります．

5.4　図面規格の基本設定

　図面ビューを作成し，注記を追加する前に，図面規格を設定する必要があります．図面規格は，図 5.8 の［**管理**］タブ＞［**スタイルと規格**］パネル＞［**スタイルおよび規格エディタ**］アイコンを選択し，図 5.9 の［**スタイルおよび規格エディタ**］ダイアログで設定します．左側のスタイルブラウザには，規格，寸法，文字など 20 種類のオブジェクトフォルダが表示され，右側には選択されたオブジェクトの詳細情報が表示されます．図 5.9 では，オブジェクトとして**規格**をクリックして，Default Standard の詳細情報を表示しています．

図 5.8　スタイルおよび規格エディ　　　図 5.9　スタイルおよび規格エディタのダイアログ
　　　　　タのアイコン

　また，左側のスタイルブラウザのオブジェクトに新しいスタイルを設定するには，オブジェクトを選択し，アクティブにしてから右クリックし，［**新規スタイル**］を選ぶか，新規作成ボタンをクリックし，そのオブジェクトの新スタイル名を入力します．作成したスタイルを別の図面で再利用するには，オブジェクト上で右クリックして［**エクスポート**］し，あらかじめ保存しておきます．再利用する際には，インポートボタンをクリックして読み込みます．

　なお，寸法（Note Text）の文字サイズを変更するには，図 5.10 のように文字リストの文字の高さをリストから選ぶか，直接，値を入力します．

図 5.10　寸法の文字サイズの変更

図面のリソース

モデルブラウザの [**図面のリソース**] フォルダを展開すると，図 5.11 のように，シートスタイル，図面枠，表題欄，スケッチ記号などの図面を構成する要素が**リソース（資源）**として表示されます．ここで表示されるブラウザ上の**シート：1** は，リソースではなく現在開かれている図面シートを示します．

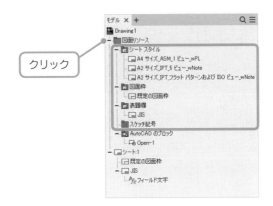

図 5.11　モデルブラウザで図面リソースを表示

この例では，シート：1 には，「既定の図面枠」と「JIS」の表題欄が要素として含まれていることを示しています．シートスタイルから図面シートを選んだ場合には，図面枠と表題欄が自動的に含まれます．

つぎに，モデルブラウザの主なリソースについて説明します．

❖ **シートスタイル**　**A4 サイズ_ASM_1 ビュー**のようにあらかじめ定義済みの標準のシートスタイルが表示されます．新規のシートを作成する際にシートスタイルを使用すると，定義済みのレイアウトのシートが追加されます．ユーザが作成した図面枠・表題欄のオリジナルなシートも追加できます．シートは削除可能ですが，新規図面を作成する場合には少なくとも 1 つのシートが必要です．

図面ファイルに新しい図面シートを挿入するには，つぎのような方法があります．
◆ **シートスタイル**から必要なサイズのビューを選んでダブルクリックする．
◆ [**ビューを配置**] タブ＞ [**シート**] パネル＞ [**新規シート**] をクリックして選択し，追加する．※この場合，現在のシートスタイルとなります．
◆ 開かれているシート上で右クリックし，ポップアップメニューを表示して [**新規シート**] を選ぶか，[**シート**] パネル＞ [**新規シート**] をクリックします．※この場合，現在のシートスタイルとなります．

❖ **図面枠**　図面シートの 4 辺を囲む枠線と境界線で構成される分割線です．初期設定の枠以外に，オリジナルな図面枠を作成して登録することができます．

❖ **表題欄**　作成者の名前，作成日，図面名などさまざまな情報を表示します．初期設定の表題以外に，オリジナルな表題欄を作成して登録することができます．

❖ **スケッチ記号**　会社ロゴや，投影法などスケッチによるオブジェクトです．

❖ **AutoCAD のブロック**　AutoCAD で作成した図面のブロックをインポートすると表示されます．Inventor ではブロックは作成できません．

5.5.1　図面シート

図面シートは，手書き製図の製図用紙に相当します．図面ファイルには最低 1 枚のシートが必要で，複数のシートを含めることができます．図 5.12 のように，**シート：1** の上で右クリックし，ポップアップメニューから［**シートを編集**］を選択すると，ダイアログが表示され，シートの属性を変更できます．たとえば，［**サイズ**］のドロップダウンメニューからサイズを選択すれば，図面の大きさを変更できます．また，［**方向**］エリアのラジオボタンを選ぶことで，シートの方向と表題欄の位置を指定することができます．

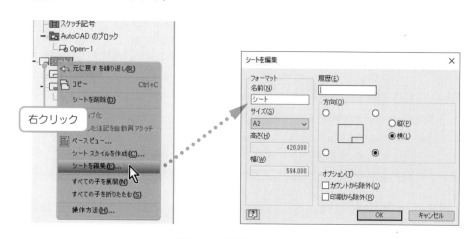

図 5.12　**図面シートの編集**

5.5.2　図面枠

図面枠をブラウザから図面シートに挿入するには，図 5.13 のように表示されている**図面リソース**の図面枠のリスト上（この例では，**既定の図面枠**しかありません）で右クリックし，ポップアップメニューから［**図面枠を挿入**］を選びます．このように**図面のリソース**から**図面枠**を呼び出した場合には，図 5.14 のように新しい図面枠を挿入する前に，既存の図面枠をあらかじめ削除する必要があります．

また，既定以外の図面枠を作成したい場合には，モデルブラウザの**図面枠**上で右クリックして，ポップアップメニューの［**新規ゾーン図面枠を定義**］を選択するか，または，［**管理**］タブ＞［**定義**］パネル＞［**図面枠ゾーン**］を選択するかしてから，図 5.15 の［**既定の図面枠パラメータ**］のダイアログで設定します．

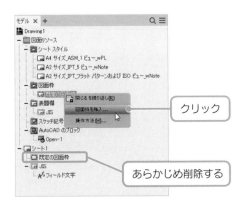

クリック

あらかじめ削除する

図 5.13　**図面枠を挿入**

図 5.14　**図面枠を挿入時の警告表示**

モデルブラウザの図面枠上
で右クリックして，ポップ
アップメニューから選択

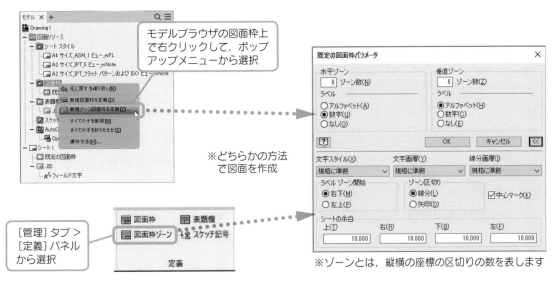

※どちらかの方法
で図面を作成

［管理］タブ ＞
［定義］パネル
から選択

※ゾーンとは，縦横の座標の区切りの数を表します

図 5.15　**図面枠パラメータのダイアログ**

COLUMN

テンプレートの登録

　図面枠や表題欄は変更可能ですが，変更内容はファイル単位で保存されるので，新しく図面ファイルを作成するとそのつど初期化されます．図 5.16 のように，図面ファイルを既定のテンプレート「Templates」＞「ja-JP」フォルダに保存すると，自動的にテンプレートファイルとして登録され，同じ基本設定を繰り返し使用することができます．

図 5.16　**コピーをテンプレートとして保存**

COLUMN

図面を JIS 規格に設定

図面を JIS 規格に設定するには，以下の手順を行います．

① 図面の新規作成後に，[ツール] タブから [オプション]>[ファイル] を選んで [アプリケーションオプション] ダイアログを開き，図 5.17 のように [既定のテンプレートを設定] のボタンをクリックします．

② 図 5.18 のように，[既定のテンプレートを設定] ダイアログのミリメートル，JIS を選んで，OK を押して保存します．

③ 新規図面を作成すると，図 5.19 のように，ブラウザに表示され，JIS になっていることが確認できます．

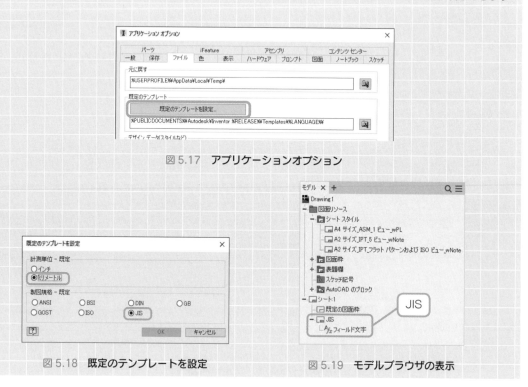

図 5.17　アプリケーションオプション

図 5.18　既定のテンプレートを設定　　　図 5.19　モデルブラウザの表示

5.5.3　表題欄

表題欄は，初期設定として図 5.20 の例では JIS が用意されています．ブラウザから表題欄を図面シートに挿入するには，表示されている表題欄の挿入したいリスト上で右クリックし，ポップアップメニューから [挿入] を選びます．

このように，図面のリソースからシートのテンプレートを呼び出した場合には，図 5.21 のように新しい表題欄を挿入する前に，既存の表題欄をあらかじめ削除する必要があります．

また，既存の表題欄を編集する場合には，図 5.20 のポップアップメニューで [編集] を選択します．

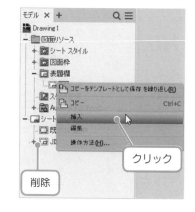

図 5.20　表題欄の挿入

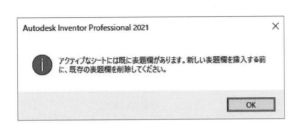

図5.21　新しい表題欄を挿入する際の警告表示

図5.22　新規表題欄を定義

オリジナルの表題欄を作成したい場合には，図5.22のようにモデルブラウザの**表題欄**上で右クリックしてポップアップメニューを表示させるか，または，[**定義**]タブ>[**定義**]パネル>[**表題欄**]を選択してから[**新規表題欄を定義**]で設定します．作成した表題欄は保存して再利用することができます．

以下，図5.23のような表題欄を作成する場合を例に，その手順を説明します．

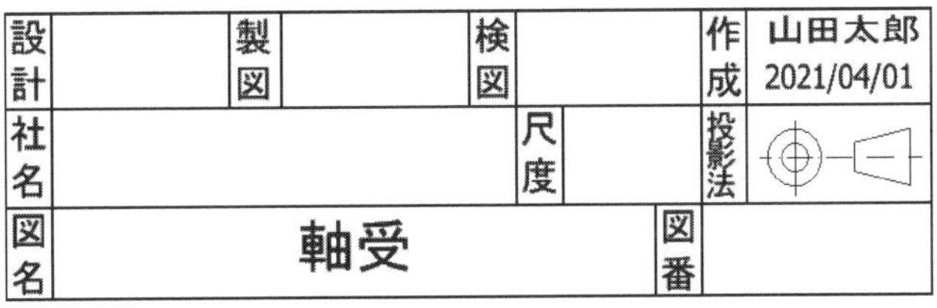

設計	製図		検図		作成	山田太郎 2021/04/01
社名				尺度	投影法	⊕ ⊲
図名	軸受				図番	

図5.23　表題欄の例

◆ ユーザ定義の表題欄の作成

ここで作成した表題欄は，作業中のファイルでのみ使用可能です．ほかのファイルで使用するには，テンプレートとして保存することで再利用できます．

表題欄を変更するには，当該シートの表題を削除し，図面リソースの表題欄の該当の表題をダブルクリックします．

◆ 新規表題欄を定義して枠を描く

[**新規表題欄を定義**]を選択し，図5.24の[**作成**]パネルで2Dスケッチを描くのと同じ要領で，図5.25のようにシート上にオリジナルな表題欄を作図します．

図5.24　作成パネル

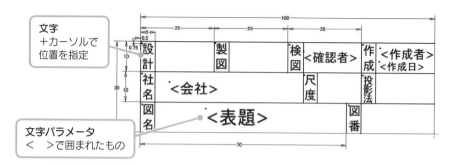

図5.25　表題欄の作図

◆ **文字を配置する**

　文字を配置するには，図5.26のように［**作成**］パネル>［**文字**］を選択すると十字カーソル（**＋**）に変わるので，図5.25のように配置する位置を指定してマウスをクリックします．

　つぎに，［**文字書式**］のダイアログが表示されるので，ダイアログに文字を入力します．この例では，文字として"**設計**"と入力し，3.00 mmの文字サイズなどを指定しています．※ここでは2行に分けて，縦書きにしています．後で編集するときは"**設計**"上で右クリックし，ポップアップメニュー［**文字を編集**］を選びます．

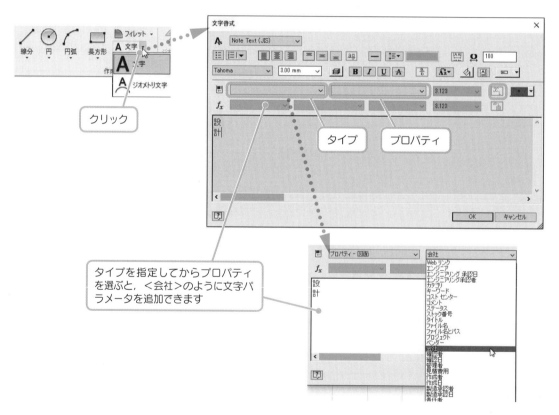

図5.26　文字の配置

◆ 文字パラメータを配置する

　また必要に応じて，図 5.27 のように iProperty の情報（表題欄に表示できる情報として**表題**，**作成者**，**部品番号**，**作成日**，**履歴番号**など）を反映できる文字パラメータも追加できます．**タイプ**と**プロパティ**のそれぞれのドロップダウンメニューから必要な要素を選択し，図 5.26 の文字パラメータを追加（）ボタンをクリックします．※ iProperty は［**ファイル**］＞［**iProperty**］で表示できます．

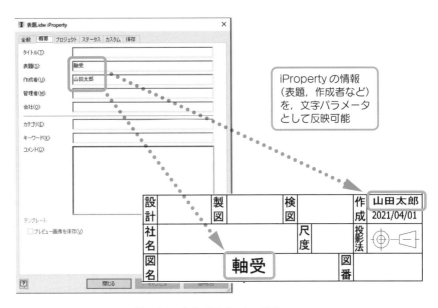

図 5.27　文字パラメータの設定

◦ **文字パラメータ**　つぎの各要素を指定することで反映する内容を指定します．

◆ **タイプ**　プロパティ−モデル，プロパティ−図面，図面プロパティ，シートプロパティ，**プロンプト入力**などのいずれかを指定します．表題欄の文字を作成中，編集中にのみ使用できます．

◆ **プロパティ**　**タイプ**に対応したプロパティを指定できます．**タイプ**同様，表題欄の文字を作成中，編集中にのみ使用できます．

◆ **文字パラメータを追加**　をクリックします．**タイプ**と**プロパティ**で指定した文字パラメータを追加します．**プロンプト入力**のタイプには使用できません．

＊編集するには，保存した表題欄（表題 1）上で右クリックし，［編集］を選択します．

　図 5.27 に示す iProperty のダイアログは，Inventor からはアプリケーションメニューボタンの［**iProperty**］で開くことができます．また，Windows のエクスプローラから Inventor のファイルのプロパティを開くこともできます．作成した表題欄を保存すると，図 5.28 のようにモデルブラウザの［**表題欄**］中に追加されます（この例では，名称「**表題 1**」で追加されています）．

図 5.28　保存した表題欄

登録した iProperty を別の図面で利用するためにコピーすることもできます．
[**ツール**] タブ > [**ドキュメントの設定**] を選択し，[**図面**] タブを表示して，
[**図面内のプロパティ**] の [**その他のカスタムモデル iProperty ソース**] でコ
ピー元のソースファイルを指定します．つづけて，[**モデル iProperty 設定を
コピー**] のアイコンをクリックしてからコピーするプロパティを選びます．

◆ スケッチ記号の構成

　表題欄に配置するスケッチ記号を作成します．

　図 5.29 のように，**スケッチ記号**の上で右クリックし，ポップアップメニューか
ら [**新規記号を定義**] をクリックします．必要な記号は，図 5.30 のように 2D スケッ
チと同様に作図します．作成したスケッチ記号は，[**注釈**] タブ > [**記号**] パネル
> [**ユーザ**] をクリックしてダイアログから所定の記号を選んで配置するか，モデ
ルブラウザの [**スケッチ記号**] を展開してから所定の記号を選択して右クリックし，
ポップアップメニューの [**挿入**] で配置します．

図 5.29　**新規記号を定義**

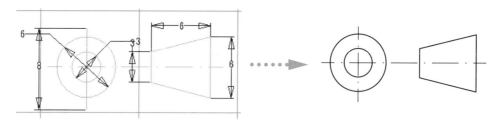

図 5.30　**記号の作図**

5.6　ベースビュー

図 5.6 のベースビュー（▦）を選択すると，図 5.31 の［図面ビュー］のダイアログが開きます．

図 5.31　図面ビューのダイアログ

ここでは軸受を題材として説明します．

❖ **ファイル**　ベースビューとなるファイルを選択します．あらかじめアセンブリファイルが開いている場合には，ドロップダウンメニューにパスを含めたファイル名が表示されます．＜ドキュメントを選択＞の表示の場合は，**既存のファイルを開く**（◙）をクリックして対象となるファイルを選択します．

❖ **スタイル**　ビューの表示スタイルを指定します．**隠線**，**隠線除去**，**シェーディング**から選びます．

❖ **ラベル**　ビューの名称を決めます．既定値は自動的に「ビュー＋連番」の形式になります．

❖ **尺度**　ビューの尺度を設定します．1：1 で 100％の大きさになります．ドロップダウンメニューから選択します．

ダイアログが表示されると同時に，図 5.32（a）のようにベースビューとなるシェーディングのフィーチャが表示されます．左クリックして配置する場所を確定すると，シェーディングから図（b）のように線画の正面図になります．

*右クリックで「ビューを編集（E）」を選ぶと，表示コントロールで表示方向を変更できます．

正面図は，図 5.33 のように，マウスカーソルが▦となったときにドラッグすることで自由に位置を変更することができます．図は正面図の方向を変えて配置した例を示します．

使用頻度の高い尺度は，図 5.34 のように，［管理］タブ＞［**スタイルおよび規格エディタ**］の左ペインの太字テキストのアクティブな図面ファイルで，［**一般**］タブ＞［**プリセット値**］グループのドロップダウン値から選ぶか，［**新規作成**］をクリックして設定します．

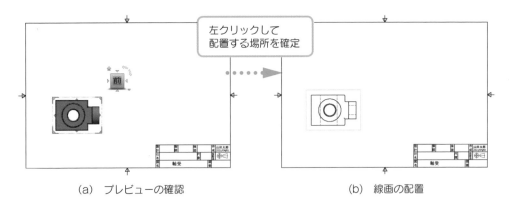

（a）　プレビューの確認　　　　　　　　　　（b）　線画の配置

図 5.32　ベースビューの配置

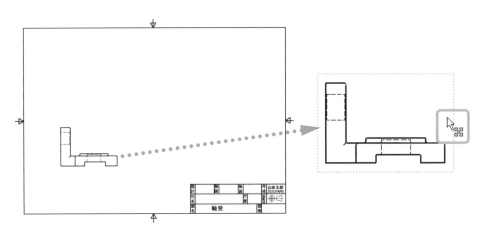

図 5.33　図面の配置と調整

図 5.34　カスタム尺度の設定

5.7 投影図

ベースビューが配置できると，このベースビューを基準に**投影図**を配置できます．マウスをベースビューに近づけるとカーソルが🔲に変化するので，ベースビューをクリックすると図 5.35 の右上のように投影図となるシェーディングの図が表示されます．つづけて，配置する場所でクリックすると，図は四角い枠で表示されます．図 5.35 の右上は，ちょうど斜めから見た投影図を配置しているところです．

*ここで作成した図を以下の説明で利用します．

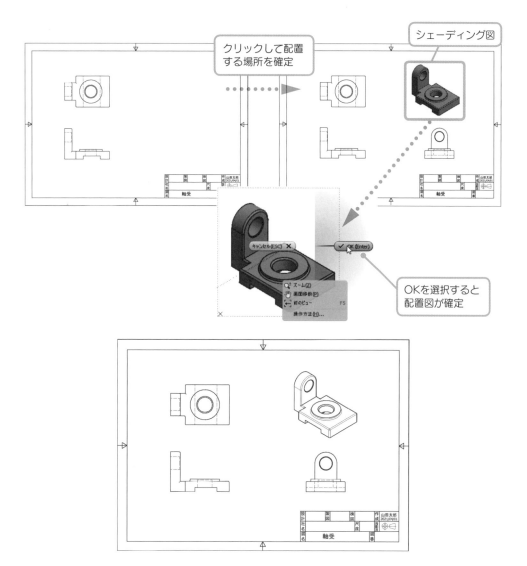

図 5.35　投影図の配置

投影図の配置を完了する場合には，図 5.35 の中央のように右クリックしてポップアップメニューの［**OK**］を選択します．配置の完了した図が図 5.35 の下側です．投影図で不要な隠れ線は，該当する隠れ線上で右クリックしてポップアップメニューを表示させ，［**表示設定**］のチェックをはずすと消すことができます．

5.8　断面図と詳細図

　断面図は，図 5.36 のようにモデルをスライスしたパーツの断面を表示します．切断するビューを選択するとカーソルが＋になるので，切断する面（**A–A**）をクリックします．すると，断面図が表示されるので，配置する場所を指定します．この例では，ラベルを A に指定しているので，マウスでクリックした 2 点が A–A として表示されています．1：2 と表示されているのは，尺度がもとの図の 0.5 倍であることを示します．断面図は，ほかの投影図と同様に切断面（A–A）に対して垂直方向の自由度のある位置に配置することができます．

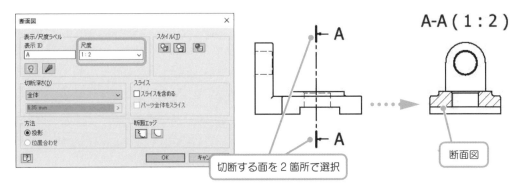

図 5.36　**断面図のダイアログと表示例**

　詳細図は，図 5.37 のように必要に応じて図面ビューの一部を拡大して表示します．通常は，図面上に配置したすべてのビューの尺度を一定にして，部分的に拡大して表示します．基本的な手順は断面図と同じになります．まず，対象となるビューを選択するとカーソルが になるので，詳細図の中心点を指定し，つづけてマウスをドラッグして詳細図の範囲となる円周の大きさを決めます．この例では，もとの図が 1.0 の尺度で，それに対して 1 倍の詳細図のために，1：1 と表示されています．詳細図は，自由な位置に配置することができます．

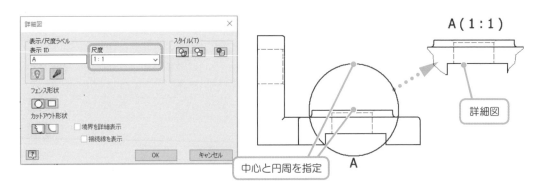

図 5.37　**詳細図のダイアログと表示例**

5.9 図面注釈

図面の注釈では，図 5.38 のリボンの [注釈] タブの各機能を利用して，図面に寸法や面の指示記号などの各種の情報を追加します．注釈には，**寸法**，**フィーチャ注記**（穴とねじ，面取り，パンチ穴，曲げ），**文字**（文字，引出線注記），**記号**（中心線，面の指示記号，溶接記号，幾何公差記号，ユーザ定義記号），**表**（パーツ一覧，穴，履歴，一般）などがあります．

図 5.38　リボンの注釈タブ

5.9.1 寸法

*図面内のモデル寸法の変更は最小限に留めてください．大幅な変更を加えたい場合や，ほかから参照される寸法を変更する場合は，当該のパーツを開いてスケッチやフィーチャを変更してください．

図面ビューで用いる寸法には，**図面寸法**と**モデル寸法**の 2 種類があります．どちらの場合も，参照しているもとのモデルの形状が変更された場合には，自動的にその値が変更されます．特に，モデル寸法の場合は，[ツール] > [アプリケーションオプション] > [図面] タブ > [図面でのパーツ修正可能にする] を選択していると，図面内でモデル寸法の編集を行った場合に，その変更が反映されてもとのモデルの形状自体に変更が反映されます．このようなことから，モデル寸法は，**駆動寸法**ともよばれます．

◆ **図面寸法**

図面寸法は，**一般寸法**，**並列寸法**，**累進寸法**などのツールを使用して配置することができます．**一般ツール**の使い方は，基本的にスケッチを作成する場合とほぼ同じで，マウスのカーソルの表示で配置する角度，距離などの寸法のタイプを識別・選択できます．

【並列寸法の適用例】

並列寸法は，図 5.39 のように基準となるエッジを中心に，複数の寸法を自動的に図面ビューに追加するときに使用します．準備としては，あらかじめ図 5.40（b）の寸法を作成しておきます．

[寸法] パネルの [並列寸法] アイコンをクリックします．つぎに，基準となるエッジを選択し，その後，並列寸法の対象となるエッジ（線分）をつづけて指定します．指定が終了したら，右クリックでポップアップメニューを表示させ，[続行] を選択し，画面上でクリックし，つづけて右クリックのポップアップメニューの [作成] をクリックし，並列寸法を確定します．それぞれの寸法の位置は個別に調整することができ，また，個別に削除することもできます．

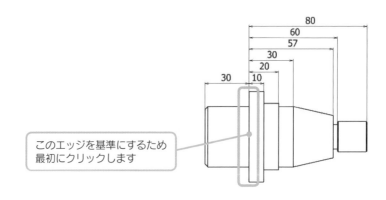

図 5.39　並列寸法の適用例

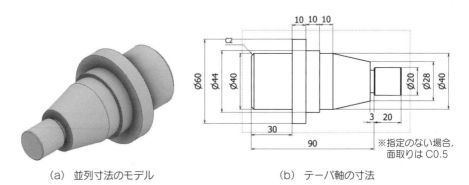

（a）並列寸法のモデル　　　　　　　（b）テーパ軸の寸法

図 5.40　並列寸法

【累進寸法の適用例】

　図面には，累進寸法セット（図 5.41）と個々の累進寸法の 2 種類の累進寸法を追加できます．［注釈］タブ＞［寸法］パネル＞［累進寸法］をクリックします．つぎに，基準となるエッジを選択して，寸法の高さの✛印の位置を指定し，累進寸法の対象となるエッジをつづけて指定します．指定が終了したら，右クリックでポップアップメニューを表示させ，［続行］を選択し，続けて，右クリックのポップアップメニューの［作成］をクリックし，確定させます．それぞれの寸法は個別に位置を調整したり，個別に削除したりすることができます．原点インジケータ◕は寸法をクリックして，ポップアップメニューで表示のオン／オフができます．

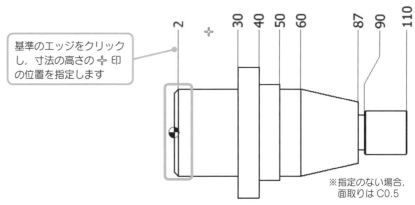

図 5.41　累進寸法の適用例

◆ モデル寸法

　モデル寸法では，図 5.38 の［取得］パネルの［モデル注記を取得］ツール（）を使用して配置することができます．［モデル注記を取得］ダイアログを図 5.42 に示します．ビュー平面に平行なモデル寸法だけが実際に表示されます．1 つのモデル寸法を，同一シート上の複数のビュー内で使用することはできません．

図 5.42　モデル注記を取得のダイアログ

❖ **ビューを選択**　寸法の取り込み先となるビューを選択します．

❖ **寸法を選択**　［ビューを選択］でビューが指定された後にアイコンをクリックすると，モデル作成時に使用された寸法が表示されます．

❖ **ソースを選択**　寸法を追加する対象となるソースのタイプを指定します．選択したビューに関連したフィーチャ，パーツ，スケッチなどを選択できます．ビューから選択を行うと，選択したソースの有効な寸法のみがプレビューされ，各寸法を選択できるようになります．

【モデル注記（寸法）の取り込みの例】

　平面図上で右クリックして図 5.43 の［モデル注記を取得］を選択し，図 5.42 の［モデル注記を取得］ダイアログを表示します．つづけて，図 5.42 の［ビューを選択］アイコンをクリックし，必要なビューをクリックします．OK をクリックすると，確定します．不要な寸法は右クリックの 削除 でなくし，見やすくします．

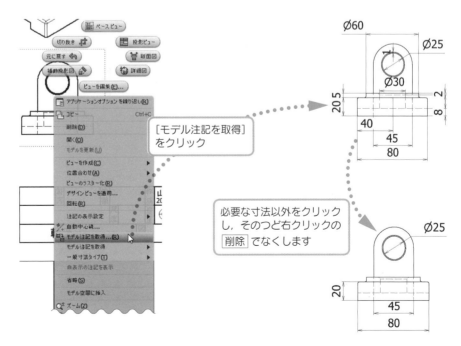

＊図 5.43 の例は自動寸法取得したものを整理しています．

図 5.43　モデル寸法の取り込み例

5.9.2 **中心線と中心マーク**

　図面ビューで用いる中心線と中心マークを追加するには，**手動による中心線**と**自動中心線**の2種類があります．手動による中心マークと中心線，および自動中心マークと中心線の属性は，[**注釈**]タブ>[**記号**]ツール>[**中心マーク**]によって設定できます．

　　✥ **手動による中心線**　図5.38の[記号]パネルから図5.44に示すアイコンの方法を選択して，図面ビューのフィーチャに個別に中心線と中心マークなどを手動で追加します．中心マークの長さは，マウスカーソルを線上に移動すると表示される緑色の●印で変更可能です．

図5.44　**中心線と中心マーク**

＊ここでいう中心マークは，製図用紙の4辺の中央を示す製図の中心マークとは異なります．

　　◆ **中心マーク（＋）**　図5.45のように，穴，円形エッジ，円柱状のジオメトリなど，円形の図形要素の中心をクリックすることで中心マークを作成します．

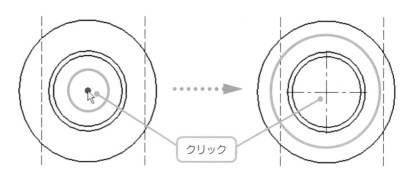

図5.45　**中心マークの作成**

　　◆ **中心線（╱）**　図5.46のように，線分などの選択された中央のポイント（●印）2箇所を通過する中心線を作成します．ポイントを選択後に，図のように[**作成**]を選択します．

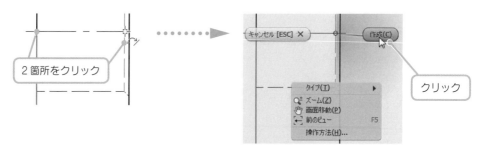

図5.46　**中心線の作成**

　　◆ **2等分中心線（╱╱）**　図5.47に示すように，左右の2つの線分をクリックすると線分間を2等分する位置に中心線を作成します．

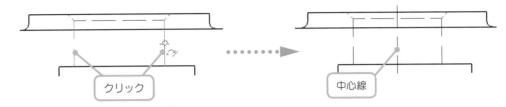

図 5.47 2 等分中心線の作成

◆ **中央揃えパターン**（⬩）　放射状に配置されたパターンに対して，連続して中心線を作成します．図 5.48 のように放射状パターンの中心を選択し，つづけて放射状に配置されたパターンの位置を連続して指定します．最後に，ポップアップメニューの ［**作成**］を選択すると一連の中心線が確定します．

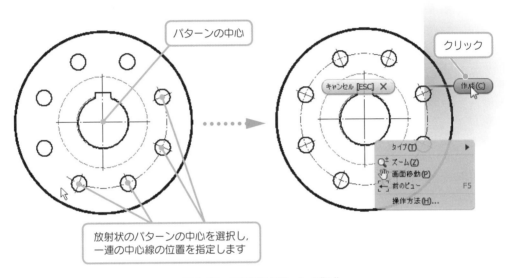

図 5.48 **中央揃えパターンの作成**

⬩ **自動中心線**（✄）　穴，および押し出しによるカットなどのあるモデルを含む，**円**，**円弧**，**だ円**，**パターン**に自動的に中心線と中心マークを追加することができます．［**自動中心線**］を選択し，対象となる方向が垂直または平行の図面ビュー上でクリックすると，図 5.49 のように［**自動中心線**］ダイアログが表示されます．適用などから自動中心線を適用するフィーチャを選択し，OK をクリックすると，該当する中心線が自動記入されます．

◆ **適用**　自動中心線を適用するフィーチャを，ボタン（🔲🔘🔳🔵🔶）から選択します．アイコンは，左から**穴フィーチャ**，**フィレットフィーチャ**，**円柱状フィーチャ**，**回転フィーチャ**，**曲げ**（シートメタル），**パンチ**（シートメタル）です．このボタンをクリックして，自動中心線を適用するフィーチャ，適用しないフィーチャを設定します．⚙▦ は，それぞれの円形状，矩形状のパターンで自動中心線を設定する場合に使用します．

◆ **投影**　自動中心線，または中心マークを適用するビュー内の円形状エッジの投影の種類を設定します．◉▥ は，それぞれ ［**ビュー内のオブジェクト**，**軸に垂直**］，［**ビュー内のオブジェクト**，**軸に平行**］を設定します．

◆ **半径のしきい値，円弧の角度のしきい値**　それぞれ半径と円弧の角度について，範囲外の要素を除外するために，半径の最大値と最小値，および最小角度を入力します．

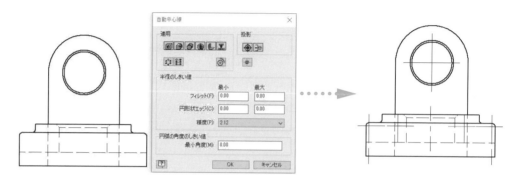

図 5.49　自動中心線の作成

COLUMN

中心線を一点鎖線にする方法

中心線を一点鎖線にするためには，［**スタイルおよび規格エディタ**］の画層（レイヤ）でCenterlineを図 5.50 のように指定します．同様にして，他にもさまざまな線種を指定できます．

図 5.50　中心線を一点鎖線に設定

5.9.3　文字・記号の作成

　図面に文字の注釈などの**一般注記**と**穴とねじ注記**，**引出線注記**，**面の指示記号**などの注記を作成します．それぞれの注記は，図5.51の文字，記号，フィーチャ注記の各パネルの当該のアイコンをクリックして選択します．

図5.51　**文字・記号のツール**

❖ **文字**　［注記］パネル＞［文字］パネル＞［文字］ツールを選択して，図面に一般注記を追加します．一般注記は，図面内のビュー，記号，その他のオブジェクトにはアタッチされません．

　まず，［**文字**］アイコンを選択し，図5.52の図面シート上の文字を入力する位置をクリックします．

　つづけて，図5.52の［**文字書式**］のダイアログが表示されるので，文字を入力し，OKボタンを押します．必要に応じて，文字の大きさやフォントなどを変更できますが，ダイアログ内であらかじめマウスカーソルをドラッグして変更する文字の範囲を指定しておく必要があります．

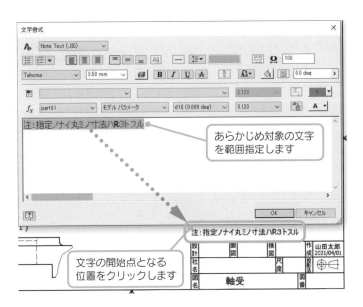

図5.52　**文字書式の設定**

❖ **記号** ［フィーチャ注記］パネル，［文字］パネル，［記号］パネルで，**引出線注**
記，穴とねじ注記，面の指示記号などを選択し，記入します．

◆ **引出線注記** 図5.53のように，［引出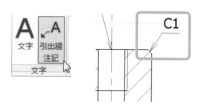
線注記］アイコンをクリックし，引出
線付きの注記を追加します．面取り部
の中央付近でマウスをクリックして，
斜めに引き出します．つづけて，右ク
リックしてポップアップメニューの［**続**
行］を選択してから，図5.52の［**文字**
書式］ダイアログで**C1**と入力し，OKボタンをクリックします．

図5.53　**記号の作成**

◆ **穴とねじ注記** 図5.54（a）のように，［**穴とねじ注記**］アイコンをクリック
して，穴とねじ注記を追加します．所定の穴をマウスでクリックし，線を斜
めに引き出します．

　穴の注記に数量を追加する場合には，注記をダブルクリックするか，右クリッ
クしてポップアップメニューの［**穴注記編集**］を選択し，注記を設定します（図
5.54（b））．図5.55は，数量ノート#ボタンを押して，<QTYNOTE>を挿入
し，**2-⌀8貫通**となるように設定した例を示しています．このとき文字入力の
キャレット（｜）は，⌀の前の数量の入る位置にあらかじめ移動しておきます．

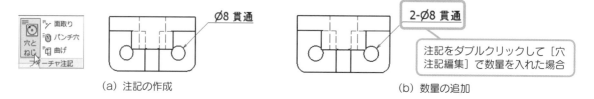

（a）注記の作成　　　　　　　　　　　　　（b）数量の追加

図5.54　**穴とねじ注記の作成**

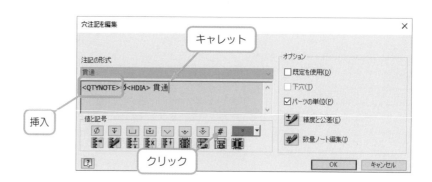

図5.55　**穴注記を編集のダイアログ**

◆ **面の指示記号** 図5.56のように，［**面の指示**］アイコンをクリックして，面
の注記を追加します．面の指示記号を付加する線をクリックし，つぎに続行
をクリックして記号を設定します．面の粗さの値は，図5.57に示すように入
力し，OKボタンをクリックします．最後に，ポップアップメニューの［ESC］
をクリックします．

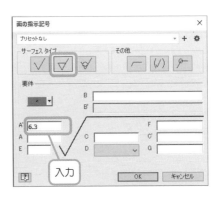

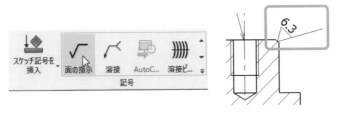

図 5.56 面の指示記号の作成

図 5.57 面の指示記号のダイアログ

5.9.4 バルーンとパーツ一覧

*レッスン 5.1 でロボットハンドを例に，バルーンについて学びます.

図面ビューのパーツやサブアセンブリを識別するための注記タグを**バルーン**といい，引き出し線の先端にアタッチされた部品に表示されているバルーン内の番号が，パーツ一覧のパーツの番号に対応します．アセンブリに対してパーツを追加または除去すると，パーツ一覧に記載されているパーツの数量は自動的に更新されます.

❖ **バルーン** 図 5.58 の［**表**］パネル＞［**バルーン**］アイコンを選択して，図面にバルーンを追加します．バルーンの作成には，手動によるものと自動によるものがあり，リストからバルーンの種類を選択します．バルーンのスタイルは，［**管理**］＞［**スタイルおよび規格エディタ**］の［**バルーン**］スタイルで設定します.

図 5.58 バルーンの作成

◆ 手動でバルーンを作成する場合

対象となるパーツをクリックすると，⊕アイコンになりバルーンが表示されるので，配置する場所でクリックし，さらに，右クリックしてポップアップメニューの［**続行**］を選択します．配置後に，矢印やバルーンを移動するには，図 5.59 のようにマウスカーソルを近づけて表示される●印をドラッグします.

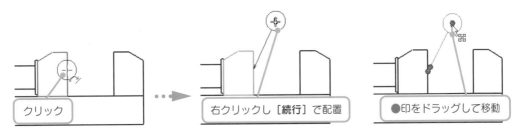

クリック

右クリックし［続行］で配置

●印をドラッグして移動

図 5.59 手動でバルーンを作成する場合

◆ 自動でバルーンを作成する場合

　[**自動バルーン**]アイコンをクリックすると図5.60のダイアログが表示されます.
[**ビューセットを選択**]（　）が凹んでいる場合には,バルーンの対象となるビュー
をクリックし,選択します.つぎに,[**コンポーネントの追加または削除**]（　）
が凹んでいることを確認して,バルーンを付加するコンポーネントの追加,または
削除を行います.

図5.60　自動バルーンのダイアログ

　このときに,複数のコンポーネントを選択するには,マウスをドラッグして含め
たい範囲を囲みます.いずれの場合も選択されたコンポーネントは線の色が変化し
ます.つぎに,[**配置を選択**]のアイコン（　）をクリックし,**配置**（周囲,水平,
垂直から選択）を決めます.図5.61のように,マウスカーソル（＋）を操作しな
がらバルーンの配置の位置を調整し,マウスをクリックし位置を確定して,最後に,
OKボタンをクリックします.配置後の矢印やバルーンの移動は,手動で配置し
た場合と同様に変更することが可能です.

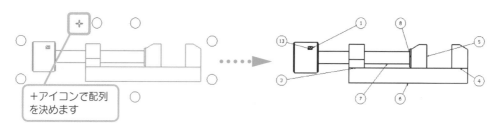

図5.61　自動バルーンの作成例

◆ パーツ一覧

　図5.58の[**表**]パネル＞[**パーツ一覧**]アイコンを選択し,パーツ一覧を追加
します.パーツ一覧は,部品表と同様にアセンブリの結果として生成されたデータ
をもとに作成されます.配置されたパーツ一覧は,構成や内容を編集できます.
　具体的には,パーツ一覧のアイコンを選択すると図5.62の[**パーツ一覧**]ダイ
アログが表示されるので,対象となるコンポーネントのビューをマウスでクリック
するか,＜**ドキュメントを選択**＞でファイルを選択します.つづけて,図5.63の
ように配置場所を決めると,パーツ一覧表が表示されます.なお,表の文字が収ま
らない場合には,列間をマウスでドラッグして幅を調整します.

図 5.62　パーツ一覧のダイアログ

図 5.63　一覧表の表示

❖ **作成元**　パーツ一覧用のソースを[**ビュー選択**]で図面ビューをクリックするか，一覧からファイルを選択するか，または参照ボタンをクリックしてファイルを選択します．

❖ **部品表の設定とプロパティ**　部品表の設定を行います．

　◆ **部品表ビュー**　パーツ一覧およびバルーンを作成の部品表ビューを選択します．

　◆ **レベル**　ドロップダウンメニューで，構成，パーツのみなどを選ぶと，右側のメニューが変化します．

❖ **テーブルの折り返し**　テーブルの折り返しの方向，自動折り返しなどを設定します．なお，パーツ一覧の既定値のレイアウトは，[**管理**]タブ>[**スタイルと規格**]パネル>[**スタイルおよび規格エディタ**]の[**パーツ一覧スタイル**]（図 5.64）で設定できます．

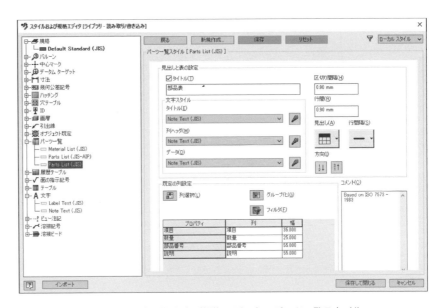

図 5.64　スタイルおよび規格エディタのパーツ一覧スタイル

レッスン 5.1	ロボットハンドの図面ビューの作成

　ここでは，図面ビューの練習として，**第 4 章**の演習問題で作成したロボットハンドの一覧表とバルーンを含めて作成します．

1 Standard.dwg の新規ファイルを作成し，モデルブラウザの**シート**で右クリックしてポップアップメニューを表示し，[**シートを編集**] を選びます．そして，図 5.12 の [**シートを編集**] ダイアログの [**サイズ**] を **A4** にします．

2 図 5.6 の [**作成**] パネル＞ [**ベースビュー**]（▤）を選択し，ファイルを [**開く**] のダイアログ（図 5.65）を開いて，**ロボットハンド .iam** を選択し，開くボタンをクリックします．

　ここでアイコンが＋に変わるので，左下付近でマウスをクリックし，図 5.66 のように**ベースビュー**を配置します．ベースビューの向きが異なる場合には，ベースビューとなるコンポーネント上で右クリックして，ポップアップメニューの [**ビューを編集**] をクリックして表示される ViewCube（図 1.12）で向きを変えてください．

図 5.65　ベースビューの選択

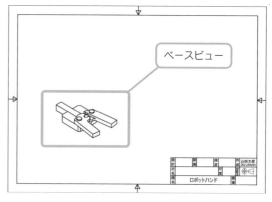

図 5.66　ベースビューの配置

3 [**ビューを配置**] タブを [**注釈**] タブに切り替えて，図 5.38 の [**表**] パネル＞ [**パーツ一覧**]（▤）アイコンを選択し，ビュー選択でロボットハンドを選び，図 5.67 のようにパーツ一覧を追加します．

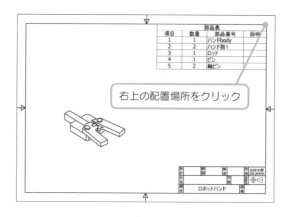

図 5.67　パーツ一覧の追加

4　自動でバルーンを作成します．まず，[**注釈**] タブ＞ [**表**] パネルの アイコンをクリックし，ドロップダウンメニューから自動バルーンを選びます．図 5.68 の [**自動バルーン**] ダイアログの [**ビューセットを選択**] のアイコン（ ）が凹んでいることを確認して，バルーン対象となるビューをクリックします．

　つぎに，[**コンポーネントの追加または削除**] をクリックし，バルーンの対象となるコンポーネントを指定します．ここでは，ハンドの左隅をクリックし，マウスをドラッグして右隅までハンド全体を囲みます．選択されたコンポーネントは，線の色が変化します．

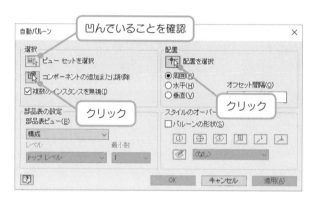
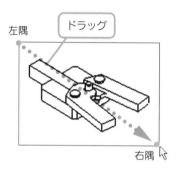

図 5.68　**自動バルーンのダイアログを対象コンポーネントの指定**

5　図 5.68 の [**配置**] エリアの配置の [**配置を選択**]（ ）をクリックしてからラジオボタンの [**周囲**] をクリックします．そして，右クリックしてポップアップメニューの [**続行**] を選び，図 5.69 のようにマウスカーソル（＋）を操作しながらバルーン配置の位置の調整をします．それぞれのバルーンの位置やレイアウトはマウスで調整できます．

　最後に，適用をクリックし，つづけてキャンセルをクリックします．

　以上で，図面ビューの完成です．

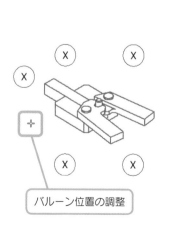
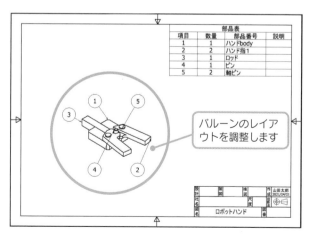

図 5.69　**バルーンの配置**

演習問題

● **5.1　第 1 章**で作成した図 5.70 のパーツについて，図 5.71 のような図面ビューを作成しましょう．寸法は適宜入れてみましょう．

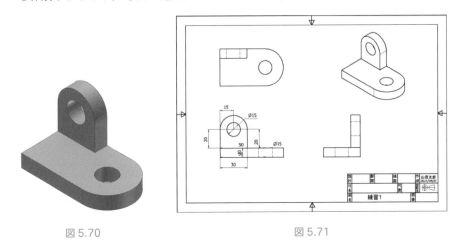

図 5.70　　　　　　　　　　　　　　　図 5.71

● **5.2　5.5.3 項**を参考にして，オリジナルの表題欄を作成しましょう．一例を図 5.72 に示します．

図 5.72

● **5.3　第 4 章**で作成したフランジ形たわみ軸継手の継手ボルトについて，図面ビューを作成しましょう．図 5.73 のように，パーツ一覧とバルーンも作成してください．

＊図の寸法は自動で付いたものです．

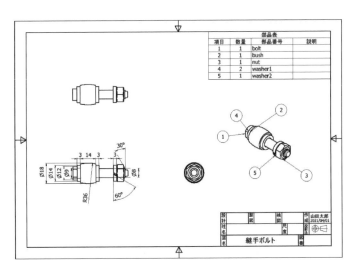

図 5.73

第6章

応用操作

この章では，シミュレーションに利用できる拘束駆動やその関連機能，プレゼンテーションなどの応用的な操作について説明します．また，Inventor に特有の機能である iPart などについても紹介します．

この章で学習すること

- ☞ シミュレーション
- ☞ プレゼンテーション
- ☞ シートメタル
- ☞ iPart
- ☞ iMate
- ☞ iFeature
- ☞ 演習問題【4題】

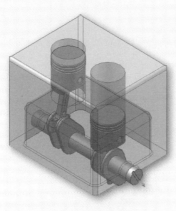

6.1　シミュレーション

　3 次元モデルのアセンブリのコンポーネントは，2 次元図面を立体化することで立体を具体的にイメージすることができ，設計作業を飛躍的に効率化します．さらに，Inventor では，アセンブリの機構や動きを定義し，図 6.1 のようにピストンなどの動きをあらかじめシミュレートすることで，設計したアセンブリの組立て後の動作や，稼動部分の動作の状態を組立て前に確認し，評価することが可能です．ここで用いるシミュレーションを**拘束駆動**といいます．

　ここでは，シミュレーションの手法として，拘束駆動と関連した干渉解析，タッチ拘束，プレゼンテーションなどについても説明します．

＊ダイナミックシミュレーションは本書では扱いません．

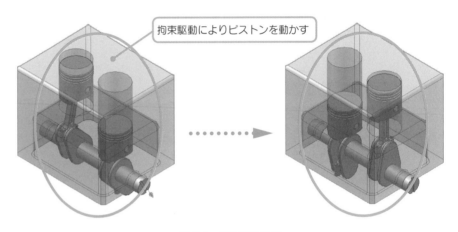

拘束駆動によりピストンを動かす

図 6.1　拘束駆動の例

6.1.1　拘束駆動

　拘束駆動は，アセンブリの拘束に設定した距離や角度に対して，設定した増分に従って連続的にそれらの値を変化させ，機械的な動作をシミュレーションします．**engine.iam** をあらかじめ読み込みます．

　ここでは，図 6.2 のように回転の軸と底面の角度拘束の角度の値を自動的に変更することで，ピストン運動のシミュレーションを実現します．

＊ engine.iam は森北出版の Web ページからダウンロードします（巻頭の案内を参照）．

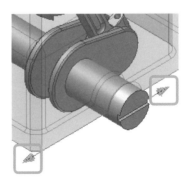

図 6.2　回転の軸と底面の角度

以下に手順を示します.

❶ 図 6.3 のように, モデルブラウザの該当のアセンブリ拘束上で右クリックし, ポップアップメニューを表示して [ドライブ] を選択します.

*ピストン運動を繰り返すために, このような大きな終了値を設定しています.

❷ 図 6.4 のように, [駆動] ダイアログが表示されるので, [開始] を 0.00 deg, [終了] を 36000.00 deg と設定します. [ポーズ遅延] は必要ないので 0.000 s と既定値のままとします.

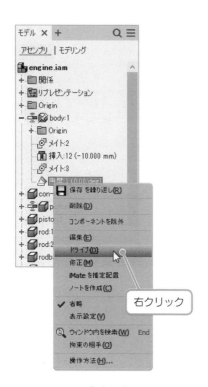

図 6.3　拘束駆動の選択

図 6.4　拘束駆動のダイアログ

❸ つぎに, シミュレーション動作の滑らかさを設定するために, ステップを 10 度ごとに設定したいので, [増分] エリアの合計値を 10.00 deg にします. 繰り返しは 1 回とします.

ここで補足として, 図 6.4 の [駆動] のダイアログについて説明します.

❖ **開始・終了**　拘束駆動を開始・終了する角度, またはオフセットを入力します. 値は直接入力しますが, 右の ▸ をクリックすると, サブメニューで計測による設定や寸法値を指定できます. **開始**の既定値は, 定義済みの角度, またはオフセット値です. **終了**の既定値は, **開始**の値に 10 を加えた値になります.

❖ **ポーズ遅延**　シミュレーションの際の**開始**と**終了**のステップごとの遅延を秒単位で設定します. 既定値は 0.000 s です.

❖ **コントロールボタン**　左から, **順方向**, **逆方向**, **一時中断**, **開始値**, **逆ステップ再生**, **ステップ再生**, **終了値**を操作します.

❖ **記録**　◉ をクリックすると記録します.

❖ **記録中はダイアログを最小化**　チェックすると記録中にダイアログを最小化します．記録中にダイアログがアセンブリウィンドウに掛かって記録されることを防ぎます．

❖ **アダプティブ駆動**　アダプティブの状態で拘束駆動をするときにチェックします．

❖ **衝突検出**　チェックすると，駆動時にコンポーネントどうしの衝突が検出されるまで拘束駆動します．衝突検出時には警告のダイアログを表示し，通知すると同時に拘束の値を表示します．**6.1.3 項**の**干渉解析の機能**を利用すると，より詳細に衝突の内容が把握できます．

❖ **増分**

- ・**合計値**：増加する値を入力します．既定値は 1.0 です．
- ・**総ステップ数**：駆動の範囲を，設定したステップ数で均等な長さに分割します．

❖ **繰り返し**

- ・**開始/終了**：開始値から終了値まで駆動した後に，開始値に戻します．
- ・**開始/終了/開始**：開始値から終了値まで駆動した後に，つづけて終了値から開始値まで逆方向に駆動します．入力した値の回数だけ繰り返します．

❖ **AVI レート**　記録されるアニメーションにフレームとして含まれる**スナップショット**が撮られるときの増分を指定します．

❹ コントロールボタンの順方向ボタン（▶）をクリックし，拘束駆動の動作を確認します．その後，逆方向ボタン（◀）をクリックし，もとの状態に戻るのを確認します．このとき，コンポーネントどうしの衝突の検出を行う場合は，[**衝突検出**]をチェックします．

❺ 最後に，[**記録ボタン**]（◉）をクリックすると[**名前を付けて保存**]ダイアログが開くので，保存先とファイル名，ファイル形式を指定します．つづけて，AVI 形式を選んだ場合，図 6.5 のように[**ビデオの圧縮**]ダイアログが開くので，[**圧縮プログラム**]をドロップダウンメニューから選択します．また，必要に応じて[**圧縮の品質**]をスライドバーで設定します．値を小さくすると画質が低下しますが，必要なファイルサイズは小さくなります．さらに，アセンブリウィンドウのサイズを小さくしても，AVI ファイルサイズが小さくなります．保存したファイルを再生している様子を図 6.6 に示します．拡張子を wmv とした場合には，図 6.7 に示す[**WMV エクスポートプロパティ**]のダイアログで[**ネットワーク帯域幅**]，[**イメージサイズ**]を選択します．

*シミュレーション中は，録画するグラフィックスウィンドウにコンポーネント以外を表示しないように注意してください．動画として一緒に記録されてしまいます．

図 6.5　ビデオの圧縮のダイアログ

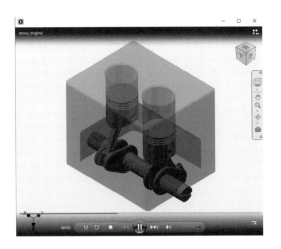

図 6.6　拘束駆動のビデオの再生

図 6.7　WMV エクスポートプロパティのダイアログ

COLUMN　WMV とは

　WMV（Windows Media Video）は，Microsoft 社が開発した Windows で動画を扱うためのフォーマットで，AVI の後継にあたります．フレームレートとは，その再生において，1 秒間に何回画面を書き換えることができるかを表す値です．圧縮プログラムは，この動画の圧縮・伸張を行う方式で，**コーデック**といわれるものです．

6.1.2　アクティブ接触ソルバ

　図 6.8 のようなコンポーネントの動きをシミュレーションする場合に，そのままの設定では物理的に接触するにもかかわらず，パーツどうしの衝突を無視してパーツを動かすことができてしまいます（図 6.9）．衝突を検出するために，**アクティブ接触ソルバ**というツールを使います．solver.iam をあらかじめ開きます．パーツどうしが物理的に衝突することを検出できるようにするには，[**ツール**] タブ＞ [**オプション**] パネル＞ [**ドキュメントの設定**] ＞ [**モデリング**] タブを選択し，図 6.10 の [**インタラクティブな接触**] エリアの [**すべてのコンポーネント**] をクリックします．この例のように，動くパーツと動かないパーツの組合せで物理的な接触を検出すると動きが制限されますが，動くパーツどうしの場合には，お互いに突き抜けない状態を保ちながら動くことになります．

* solver.iam は森北出版の Web ページからダウンロードします．

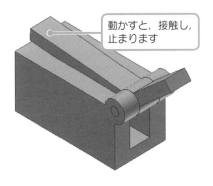

動かすと，接触し，止まります

図 6.8　アクティブ接触ソルバ有効時の動き

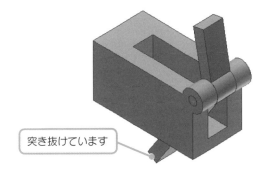

突き抜けています

図 6.9　アクティブ接触ソルバ無効時の動き

❖ **すべてのコンポーネント/接触セットのみ/接触ソルバオフ**　特定のコンポーネントのみを対象としたい場合には，[**接触セットのみ**] のラジオボタンをチェックします．[**接触ソルバオフ**] をチェックすると無効になります．

❖ **サーフェスの複雑度**　対象となるサーフェスの形式を「シンプル」，「すべて」，「一般」から選択します．

　[**接触セットのみ**] とした場合には，図 6.11 のように，モデルブラウザの対象とするアイコン上のポップアップメニューで [**接触セット**] にチェックを付けます．すると，接触セットの対象となるコンポーネントのアイコンは，接触セットを表す 👬 に変化します．

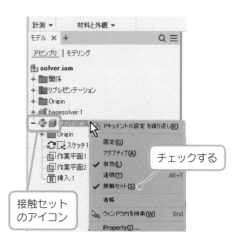

　図 6.10　**アクティブ接触ソルバ**　　　　　図 6.11　**接触セット**

6.1.3　干渉解析

＊ engine.iam について確認します．

　選択した複数のコンポーネント間の静的な干渉を解析します．[**検査**] タブ>[**干渉**] パネル>[**干渉解析**] をクリックすると，図 6.12 のダイアログが表示されるので，干渉の対象となるコンポーネントを必要に応じて選択します．すべてのコンポーネントの干渉を調べたい場合には，[**セット 1 を定義**] でドラッグしてすべてのコンポーネントを選択します．[**サブアセンブリをコンポーネントとして扱う**] を必要に応じてチェックします．

　干渉が検出されると，図 6.13 のように，干渉のあるコンポーネントの体積が一時的に赤く表示され，干渉しているコンポーネントと干渉部分の重心の位置と体積が，ダイアログでレポートとして表示されます．

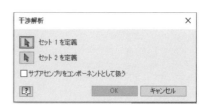

　図 6.12　**干渉解析のダイアログ**

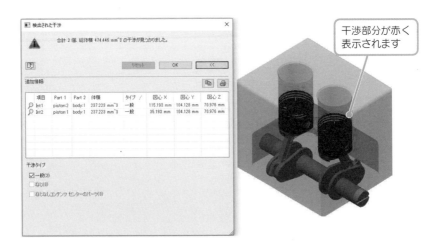

図 6.13　**干渉検出の例**

6.1.4　タッチ拘束

タッチ拘束は，パーツの表面どうしの接触状態を保つ拘束で，カムとフォロワの組合せのように，接触状態を保ちながら動かし，シミュレーションを行う場合に利用します．**cam.iam** をあらかじめ読み込みます．以下に，図 6.14 の簡単なカム構造についてタッチ拘束を適用する手順を説明します．

＊この例では，ピストンの径をわずかに大きくしています．

＊ cam.iam は森北出版の Web ページからダウンロードします．

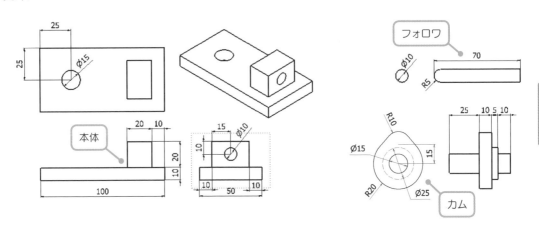

図 6.14　**本体とカム・フォロワ**

❶ ［**アセンブリ**］タブ＞［**関係**］パネル＞［**拘束**］をクリックし，図 6.15 の［**拘束を指定**］ダイアログの［**タッチ**］タブをクリックします．図 6.16 のように，カムの表面とフォロワの丸い先端部分を指定し，適用ボタンを押すと，これらの接触状態を保つように**タッチ拘束**が適用されます．

❷ つぎに，タッチ拘束の効果を確認するために，**拘束駆動**によりカムを回転させることにします．カムの回転は，**角度拘束**を**拘束駆動**することにより回転運動を与えます．図 6.17 のカムの平面部分と本体の側面に対して，図 6.18 のように**角度拘束**を設定します．

❸ 設定した**角度拘束**上で右クリックし，ポップアップメニューを表示して，［ド

図 6.15 タッチ拘束タブ

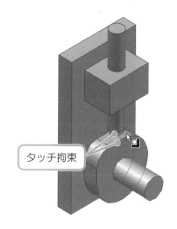

図 6.16 タッチ拘束の指定

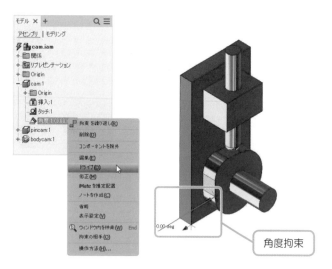

図 6.17 角度拘束の指定

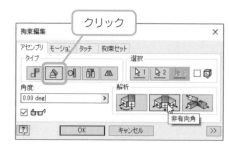

図 6.18 角度拘束の設定

図 6.19 拘束駆動の指定

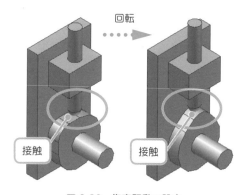

図 6.20 拘束駆動の設定

ライブ]を選択します. 図 6.19 の[駆動]ダイアログが表示されるので, 終了角度を 720.00 deg に設定し, **再生**ボタン（▶）をクリックして, タッチ拘束駆動の状態が図 6.20 のようになっているかどうか確認します.

6.2　プレゼンテーション

コンポーネントを組み合わせたアセンブリからは，図 6.21（a）のように組み上がった状態を知ることはできますが，コンポーネントがほかのコンポーネントに隠れるとコンポーネントどうしの関係がわかりにくくなります．

プレゼンテーションファイルを利用することで，図 6.21（b）のように，コンポーネントどうしの関係が明確になり，より迅速に分解ビューやアニメーションを生成できます．アセンブリの分解プレゼンテーションによる製品ドキュメントの作成や，マニュアルなどの組立て指示で設計を明確に伝えることができます．

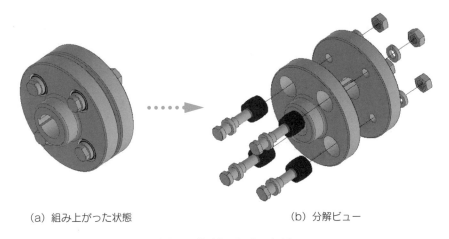

（a）組み上がった状態　　　　　　　　　　　　（b）分解ビュー

図 6.21　**プレゼンテーションビュー**

具体的には，プレゼンテーションファイルにアセンブリファイルを配置した後に，表示方向を指定したり，**分解**，**ツイーク**などを行ったりして，コンポーネントを展開します．このときの対象となるアセンブリはリンクされた状態となるので，アセンブリを変更するとプレゼンテーションに反映されます．

また，コンポーネントの分解，ツイークの動きは，アニメーション化することにより WMV 形式や AVI 形式のファイルとして保存できます．なお，プレゼンテーション用のビューは，指定したアセンブリのプレゼンテーションビューを必要な数だけプレゼンテーションファイルに追加することもできます．

アセンブリのプレゼンテーションを作成するには，プレゼンテーションファイルを使用します．新規にプレゼンテーションファイルを作成する場合には，図 6.22 の［**新規ファイルを作成**］ダイアログの［**プレゼンテーション**］の Standard.ipn を選択し，作成ボタンをクリックして，プレゼンテーションファイルを開きます．つぎに，プレゼンテーションに挿入するモデルファイルを選択するダイアログが開くので，該当のファイルを選びます．

プレゼンテーションファイルを開くと，クイックアクセスツールバーにファイル名 Presentation1 が表示されます．プレゼンテーションの作業は，図 6.23 に示す［**プレゼンテーション**］タブの各種ツールを使用して行います．モデルを選んでいない場合は，［**モデル**］パネルで［**モデルを挿入**］アイコンをクリックして，対象となる

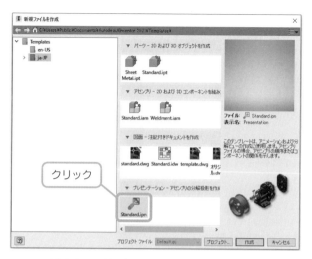

図 6.22 プレゼンテーションファイルの選択

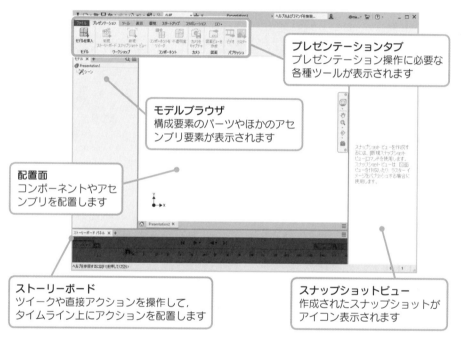

図 6.23 プレゼンテーションの作成画面

モデルを挿入します．アニメーションは，1つまたは複数のストーリーボードのタイムライン上に配置されたアクションで構成され，ビデオにパブリッシュ（出力）したり，スナップショットビューのシーケンスを作成したりするために使用されます．

ツイークとは

Inventor では，コンポーネントを分解してプレゼンテーションを作成するときに，コンポーネントの分解の軌跡などを指定することを**ツイーク**といいます．英単語の "tweak" 自体は "ぐいと引く" という意味ですが，コンピュータ用語としては，機器・プログラムを "微調整する" などの意味があります．3次元 CAD では一般的に用いられ，**要素分割**の意味とされる場合もあるようです．

6.2.1　プレゼンテーションタブ

図 6.24 に示す［プレゼンテーション］タブの主なツールについて説明します.

図 6.24　プレゼンテーションタブ

❖ **モデルを挿入**　プレゼンテーションの対象となるモデルのファイルを［挿入］ダイアログから選びます. プレゼンテーションファイル .ipn を作成したときに, 自動的にダイアログが開きます.

❖ **新規ストーリーボード**　プレゼンテーションのツイークを作成するストーリーボードを配置します. このボード上の横軸の時間軸に, ツイークが配置されます. 既定のものを含めて, 複数のストーリーボードを追加できます.

❖ **新規スナップショットビュー**　モデルおよびカメラの状態を新たなスナップショットビューとして作成します.

❖ **コンポーネントをツイーク**　ツイークの対象となるモデルについて単独か複数かを選択し, ツイークを指定します. ツイークには移動と回転があります.

❖ **不透明度**　選択したコンポーネントの不透明度を設定します. コンポーネントが重なる場合に, コンポーネントを透過させることができます.

❖ **カメラをキャプチャ**　モデルの視点を変えるために, 配置や状態を手動で動かした場合に, ストーリーボードにその画像を配置します. その状態からツイークを追加することができます.

❖ **図面ビューを作成**　ツイークを反映したモデルに対して, 図面ビューを作成します. 視点や分解の異なる図面を組み合わせることができます.

❖ **ビデオ**　作成したストーリーボード, アニメーションに従って動画として書き出します.

❖ **ラスター**　スナップショットビューを基に, イメージファイルを作成します.

6.2.2　プレゼンテーションビューの作成

あらかじめ図 6.22 の新規プレゼンテーションファイル Standard.ipt を作成しておきます. プレゼンテーションビューの作成はつぎの手順で行います.

❶　作成を始めると, 図 6.25 の［挿入］ダイアログが開くので, プレゼンテーションの対象となるファイルを選択します.

　　後でファイルを選択する場合には, ここでキャンセルし, 後ほど図 6.24 の［モデル］パネルの［モデルを挿入］から対象となるファイルを選択します. ここでは, **レッスン 4.1**「フランジ形たわみ軸継手の組立て」で作成したフランジを用い, アセンブリを構成する個々のコンポーネントをツイークにより図 6.26 のように分解することにします.

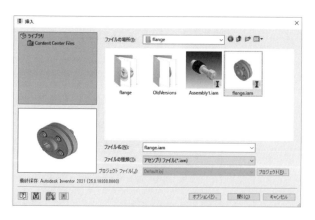

図 6.25　挿入のダイアログ

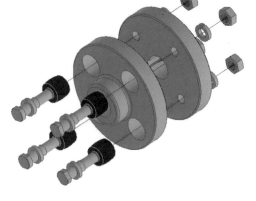

図 6.26　ツイークの設定後の分解ビュー

　はじめに，図 6.27 のようにモデルの配置が終わった後に，［**プレゼンテーショ
ン**］タブ>［**ワークショップ**］パネル>［**新規ストーリーボード**］（図 6.28）
の順にクリックします．つづけて，［**新規ストーリーボード**］（図 6.29）ダイ
アログボックスで，ストーリーボードのタイプを選択します．クリーンにする
と，新規作成するストーリーボードが初期セットになります（［**モデルを挿入**］
でフランジを配置しています）．

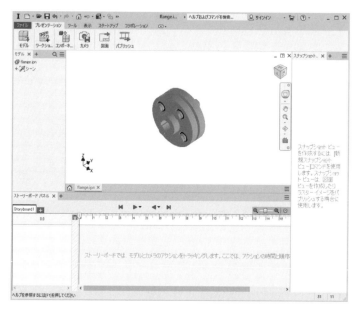

図 6.27　モデルの配置

図 6.28　新規ストーリーボードの作成

図 6.29　ストーリーボードのタイプ

図 6.30 ［コンポーネントをツイーク］のミニツールバー

＋アイコンでツイーク
する座標系を選択し，
ドラッグ

図 6.31 コンポーネントをツイーク

❷ 手動でアセンブリのコンポーネントをツイークします．［**プレゼンテーション**］
タブ＞［**コンポーネント**］パネル＞［**コンポーネントをツイーク**］を選択し，
対象となるコンポーネントを＋アイコンでクリックして選択し，図 6.30 のよ
うにミニツールバーを表示させます．そして，図 6.31 のように，ツイークす
る方向の**座標系**（XYZ の矢印や面，球の表示），**回転系**（XYZ 方向の回転）を
選んでドラッグします．

　図 6.32 のように，ミニツールバーの［**移動**］，［**回転**］でツイークの種類を
指定できます．以降つづけて同様の操作を行うことで，任意のツイークが可能
となります．ツイークの距離の数値を正確に入力することもできます．

　つづけて，図 6.26 の状態となるように，コンポーネントをツイークします（図
6.33）．

（a）移動のツイーク

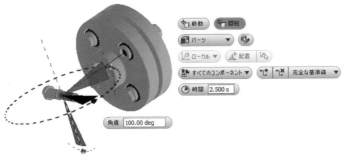

（b）回転のツイーク

図 6.32 **ツイークの種類**

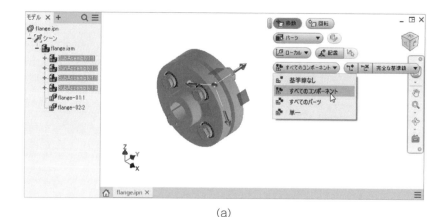

(a)

(b)

図 6.33　フランジのコンポーネントをツイークの操作

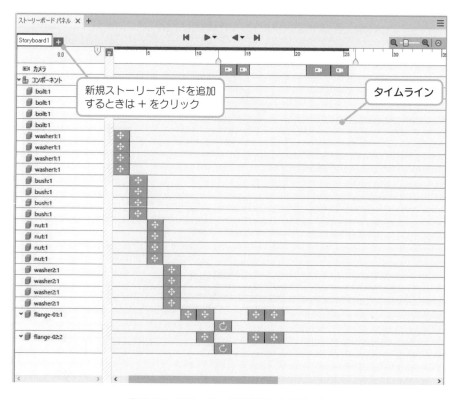

図 6.34　ツリーボードパネル上のツイーク

❸ ツイークの動作は，図 6.34 のように，アニメーションシーケンスで構成され
る[**ツリーボードパネル**]に自動的に追加されます．ツリーボードパネルは，ボー
ド名の横の＋をクリックすると，図 6.29 の［**新規ストーリーボード**］のダイ
アログが表示され，そこで［**タイプ**］（**クリーン，前回の最後から開始**）を選
んで追加できます．

ストーリーボード上のツイークは，モデル配置およびカメラ位置の変更を表
します．コンポーネントを移動（図 6.32（a））または回転（図 6.32（b）），コ
ンポーネントの表示設定や不透明度の設定，カメラ位置のキャプチャなどがで
きます．タイムライン上のツイークには，表 6.1 に示すアイコンが表示され，
それらは状態を表します．

表 6.1　**タイムライン上のツイークのアイコン**

アイコン	意味・表している状態
■📹	カメラのツイークをインスタントにするか，時間を割り当てることができます．ViewCube でコンポーネントの向きを変えて，キャプチャすることで視点を切り替える表示もできます．
✛	移動ツイークは，一定の方向への直線状の移動を表します．
↻	回転ツイークは，正または負の回転方向を表します．
▦	不透明度ツイークは，不透明度の値が変更された時点を表します．タイムラインにのみ適用されます．
◇	表示設定アクション（オンとオフ）を表します．タイムラインにのみ適用されます．
⊞	1 つのコンポーネントに複数の異なるツイークがあることを表します．［ストーリーボード］パネルの❤をクリックして，ノードを展開すると，ツイークが表示され，編集できます．

*コンポーネントの外観
は，ストーリーボードご
とに変更することができ
ますが，移動や回転など
のアクションではないた
めタイムラインに反映さ
れません．

作成したツイークは，マウスでドラッグして，タイムライン上で左右端をド
ラッグして時間長さを変更したり，位置の移動，順番の入れ替えも可能です．
また，図 6.35 のように，ストーリーボードの各アイコン上で右クリックすると，
ポップアップメニューから時間を編集，ツイークを編集，選択，削除などを行
うことができます．

図 6.35　**ツイークの編集**

不要となったストーリーボードは，図 6.36 のように，グレー表示のときに
ストーリーボード名の上で右クリックすると，ポップアップメニューから削除
できます．

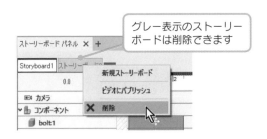

図6.36　ストーリーボードの削除

◆ アニメーション

　アニメーションは，1つまたは複数のストーリーボードのタイムライン上に配置されたアクションで構成されます．アニメーションは，ビデオをパブリッシュ（映像出力）したり，スナップショットビューのシーケンスを作成するために使用されます．コンポーネントの移動または回転コンポーネントの表示設定，または不透明度，カメラの位置の変更などのアクションタイプを作成できます．アクションは，再生ヘッドの位置にあるストーリーボードのタイムラインに追加されます．

　ストーリーボードは，モデルとカメラのアクションをトラッキングしますが，図6.37に示すように，時間軸の編集パネルでは，ツイークで作成したアクションの時間と順序を管理します．

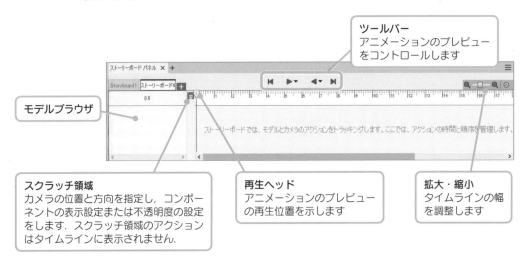

図6.37　ストーリーボード

　アニメーションをプレビューするには，▶▾ [現在のストーリーボードを再生] または ▣▾ [すべてのストーリーボードを再生] をクリックします（▼印でリストから選びます）．逆の順序で再生するには，◀▾ [現在のストーリーボードを逆再生] または ▣▾ [すべてのストーリーボードの再生を逆再生] をクリックします．プレビューを一時停止するには，再生中に表示される ❚❚▾ [現在のストーリーボードを一時停止] または [すべてのストーリーボードを一時停止] をクリックします．特定の時間から開始するには，タイムライン上の目的の位置に再生ヘッドを移動し，[現在のストーリーボードを再生] をクリックします．

❖ **図面ビューの作成**　作成したプレゼンテーションタブの［図面］パネルの［図面ビュー］を作成のアイコンをクリックします．または，［ワークショップ］パネル＞［新規スナップショットビュー］でスナップショットを作成します．作成したビューは，［スナップショットビュー］エリアに表示されます．図 6.38 のように，スナップショット上で右クリックし，［図面ビューを作成］をクリックします．クリックすると，図 6.39 のような［新規ファイルを作成］のダイアログが開くので，図面ファイルを選びます．すると，図 6.40 のように図面ビューが配置されます．図面ビューの例を図 6.41 に示します．

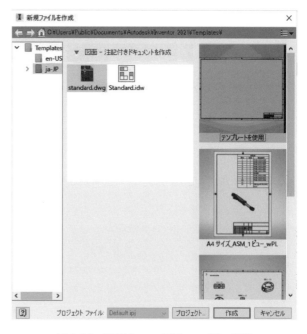

図 6.38　スナップショットから図面ビュー　　　　図 6.39　図面ビューで図面ファイルの選択

6

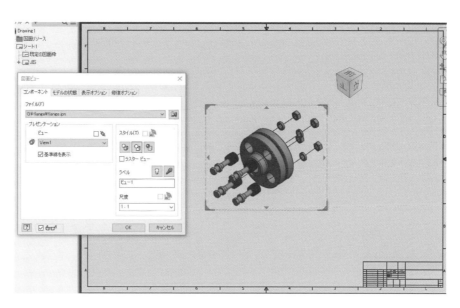

図 6.40　図面ビューの作成

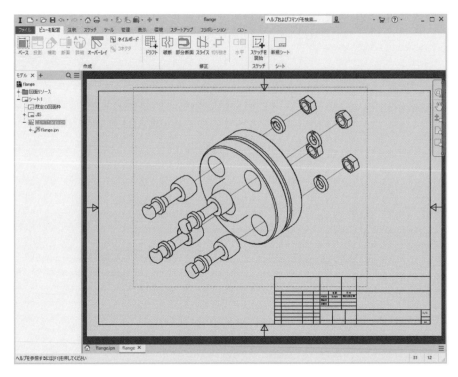

図 6.41　**図面ビューの例**

❖ **カメラをキャプチャ**　モデルの視点を変えたり，配置や状態を手動で動かしたりし，[カメラ] パネルの アイコンをクリックしキャプチャして，ストーリーボードにその画像を配置します．ストーリーボード上に アイコンが表示されますが，最終位置でキャプチャした場合には，タイムラインが到達すると，即座にもとの状態に戻ります．アニメーションの最後にカメラによるキャプチャを 2〜3 秒の時間長で追加することで，再生ヘッドがリセットされる前にアニメーションの最後を表示する時間を確保できます．

❖ **ビデオにパブリッシュ**　作成したストーリーボードのアニメーションを動画で出力します．[パブリッシュ]パネルの アイコンをクリックするか，ストーリーボード上で右クリックして，ポップアップメニューの [ビデオにパブリッシュ] を選択すると，図 6.42 の [ビデオにパブリッシュ] のダイアログが表示されます．ストーリーボード上のすべてのアニメーションを一括して出力する場合には，パブリッシュの範囲で [すべてのストーリーボード] を選択して出力します．動画出力は図 6.43 のようになります．出力中は，ゲージで進行状況が表示されます．必要に応じて，ビデオ解像度や保存場所，出力形式（WMV，AVI）を指定します．

図 6.42 ビデオにパブリッシュのダイアログ

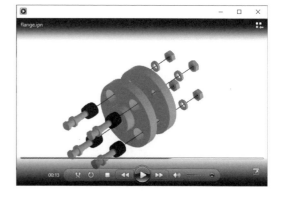

図 6.43 ビデオにパブリッシュの動画出力

❖ **ラスターにパブリッシュ** 作成したストーリーボードのアニメーションを静止画で出力します．［**パブリッシュ**］パネルの■アイコンをクリックすると，図 6.44 の［**ラスターイメージにパブリッシュ**］のダイアログが表示されます．必要に応じて，パブリッシュの範囲，イメージ解像度や保存場所，出力形式（PNG，JPEG など）を指定します．出力結果は図 6.45 のようになります．

図 6.44 ラスターイメージにパブリッシュの
ダイアログ

図 6.45 ラスターイメージにパブリッシュの
出力画像

6.3　シートメタル

シートメタルは，パーツモデリングを拡張した特殊な 3D オブジェクトです．シートメタルは，薄い板を切断したり，曲げたり，押し出したりして形状を作り出す板金加工と似ています．

あらかじめ設定した均一な厚みの複数の面を，丸みのある曲げによって結合して作成します．基本的には 2D スケッチと同様のスケッチをしますが，厚みは面ツールであらかじめ設定したスタイルの板状のシートメタルになります．また，折り曲げられた状態のモデルのシートメタルから，展開図である**フラットパターン**も作成できます．

シートメタルを作成するには，図 6.46 のように **Sheet Metal.ipt** を使用します．

図 6.46　シートメタルファイル

*切り替わった直後は，図 6.48 は面，コンターフランジなどの一部のアイコンしか見えません．

シートメタルファイルを開くと 2D スケッチ画面が開くので，図 6.47 のようなスケッチを作成し，⑤キーを押すか，ポップアップメニューの ［**スケッチを終了**］を選択し，スケッチを一旦終了します．スケッチが終了したあと，図 6.48 の ［**シートメタル**］タブ＞［**作成**］パネルで作業します．基本的な流れとしては，スケッチに ［**面**］で厚みを与えてから，［**フランジ**］や ［**曲げ**］などの作成を行います．

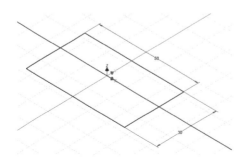

図 6.47　シートメタルのスケッチ

図 6.48　シートメタルタブ

6.3.1　シートメタル規則スタイル

シートメタル規則スタイルは，板金の板厚や折り曲げたときのR部などの形状を，シートメタルパーツの3つの要素で定義します．図6.49の［**シートメタルの既定**］のアイコンをクリックし，図6.50の［**シートメタルの既定**］ダイアログの［**シートメタル規則スタイル**］の アイコンをクリックします．図6.51の［**スタイルおよび規格エディタ**］ダイアログでは，パーツの作成の基本設定，シートメタルを曲げる際の既定値となるパラメータ，そしてコーナーレリーフの種類を設定します．あらかじめ設定されたこれらの定義に基づいて，シートメタルが作成されます．

　左側のブラウザに定義されたスタイルを登録します．太字で示された**アクティブなスタイル**が現在使用されているスタイルになります．

図6.49　シートメタルの既定のアイコン　　図6.50　シートメタルの既定のダイアログ

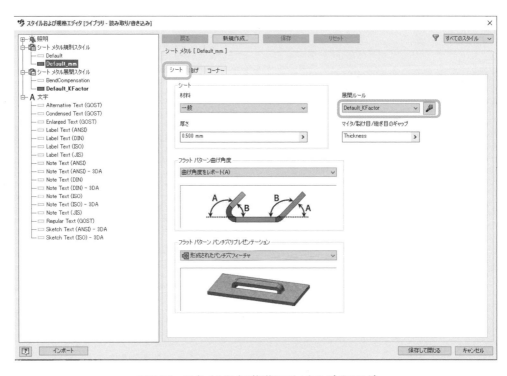

図6.51　スタイルおよび規格エディタのダイアログ

以下，図 6.51 の各タブについて説明します．

❖ **シート**　**材料**と**厚さ**を設定します．

　◆ **フラットパターン曲げ角度**　フラットパターンの曲げ角度をレポートします．
　　展開ルールは，K ファクター（曲げ補正値），スプラインファクターなどを指
　　定します．展開方法の細部を指定したい場合には，**展開ルールを編集**（🖊）
　　でドロップダウンメニューの**曲げテーブル**（テキストファイル形式のファイ
　　ル）を読み込んで設定することもできます．

　◆ **フラットパターンパンチ穴リプレゼンテーション**　4 つのオプションによっ
　　て，曲げモデルがフラットパターンとして表示される場合のシートメタルパ
　　ンチ穴 iFeature の表示方法を指定します．

❖ **曲げ**　曲げタブでは，図 6.52 のように［**レリーフの形状**］，［**曲げ半径**］，［**最小
　レムナント**］，［**曲げの遷移**］などをドロップダウンメニューから選択します．

❖ **コーナー**　コーナータブでは，コーナーの［**レリーフの形状**］はドロップダウ
　ンメニューから選択し，［**レリーフのサイズ**］は数値などを設定します．

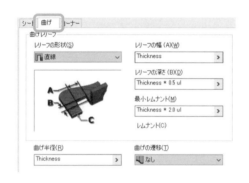

図 6.52　曲げとコーナーの設定タブ

　　図 6.53 〜 6.55 のような手順①〜⑤で新しくオリジナルスタイルを登録します．

① 　図 6.53 のダイアログのシートメタル規則スタイルの中からコピーするスタイ
　　ルをクリックし選んで，新規作成ボタンをクリックします．

② 　ブラウザに**コピー版 Default**（Default をコピー元とした場合）と表示される
　　ので，右クリックして名前を変更します．たとえば，図 6.54 の［**新規ローカ
　　ルスタイル**］のダイアログのように「**オリジナル**」に変更します．

③ 　［**シート**］エリアの［**厚さ**］を設定します．ここでは，1 mm としています．

④ 　保存して閉じるボタンをクリックします．

⑤ 　図 6.55 の［**シートメタルの既定**］ダイアログの［**シートメタル規則スタイル**］
　　から，新たに登録されたスタイルの**オリジナル**を選びます．

　　つぎに，面ツールで立体化し，厚みを与えます．

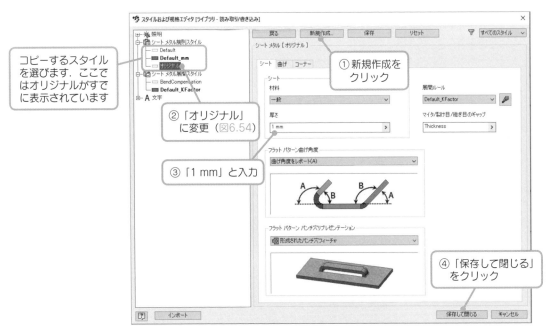

図 6.53 シートメタル規則スタイルのパラメータの設定

図 6.54 新規ローカルスタイルのダイアログ

図 6.55 シートメタルの既定のダイアログ

6.3.2 面ツール

面ツールは，シートメタルスタイルで指定した厚みで，作成したスケッチを押し出して面を作成します．図 6.56 のように，[面] ダイアログには [形状]，[展開オプション]，[曲げ] の 3 種類のタブがあり，あらかじめ設定されたこれらの定義に基づいて，スケッチを押し出してシートメタルを作成します．押し出しツールで厚みを与えることはしません．ここで最初に作成されたシートメタルのことを基準フィーチャといいます．

❖ 形状　図 6.56 のように，対象となるプロファイルを選択し，押し出しの方向である [オフセット] を指定します．[曲げ] エリアの設定は，曲げ半径の設定と曲げエッジの選択を行いますが，曲げの対象となるシートメタルがない場合には無効のグレー表示となります．

❖ 展開オプション（図 6.57）　シートメタル規則スタイルで指定した展開に関する既定値の展開ルールを無効にして，新たに設定することができます．

図 6.56　面ツールで指定した厚みに押し出し

図 6.57　展開オプション

図 6.58　曲げオプション

❖ **曲げ**（図 6.58）　シートメタル規則スタイルで指定した曲げに関する既定値の，**[レリーフの形状]**，**[レリーフの幅]**，**[レリーフの深さ]**，**[最小レムナント]**，**[曲げの遷移]** を無効にして，新たに設定することができます．

　図 6.48 の **[シートメタル]** タブのツールを用いて，図 6.59 のようにベースフィーチャの形状を変化させる過程を以下に示します．形状の変化を確認してください．

❶　基準フィーチャに対して，図 6.48 の **[フランジ]** ツール（⚡）で距離 10 mm を入力し，エッジと角度などを指定します（図 6.60）．

❷　反対側の辺に図 6.48 の **[ヘム]** ツール（✎）でエッジを選択し，方向を指定します（図 6.61）．

❸　最後に，フランジ部分にスケッチで折り曲げの線分を描き，図 6.48 の **[折り曲げ]** ツール（⚑）で **[コントロールを反転]** のアイコンをクリックして方向を指定します（図 6.62）．

　最終的には，図 6.59 のようになります．

図 6.59　シートメタルの例

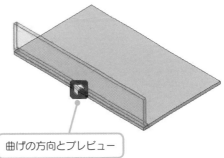

入力

曲げの方向とプレビュー

図 6.60　**フランジツールで曲げ**

エッジの方向とプレビュー

図 6.61　**ヘムツールでヘミング曲げ**

折り曲げの向きと方向とプレビュー

あらかじめスケッチで折り曲げの線分を描く

図 6.62　**折り曲げツールで折り曲げ**

＊参考：(株) ハイテッ
クマルチプレックスジャ
パン社の Robonova-1
に使用されているサーボ
ブラケットを実測したも
ので作画しました.

　つぎに, 参考として図 6.63 に［フラットパターン］パネル＞［フラットパター
ンに移動］ツール（🗐）の適用例を示します. ここでは, 2 足歩行ロボットなどで
用いるサーボモータを固定するサーボブラケットに, シートメタルフィーチャを利
用しています.［シートメタル］ツールで左側の立体的な図を作成し, その図から
フラットパターン（展開図）を作成しています.

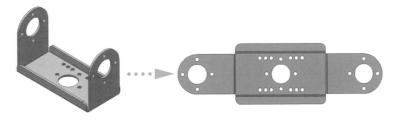

図 6.63　**フラットパターン**

6.4　iPart

iPart とは，基本となる形状の部品に対して寸法などの値（パラメータ）を複数もつパーツで，Inventor に特有の機能です．iPart の機能を利用すると，寸法拘束などを図 6.64 に示す表形式の**変数テーブル**として定義・編集し，形状を変更することが可能です．iPart 自体は通常のパーツから作成することができ，アセンブリに配置する際にパラメータのテーブルから必要な値を選択すると，図 6.65 のようなソリッドパーツのインスタンスを生成します．図 6.66 に，このパーツのおおよその寸法を示します．ちなみに，iPart, iMate（**6.5 節**），iFeature（**6.6 節**）の i は，Inventor の頭文字の i を表します．

	メンバ	部品番号	外形	軸長さ	軸径	内径	穴径	穴角度	穴数	穴角度計算
1	iPartFlange-01	iPartFlange-01	90 mm	14 mm	35.5 mm	20 mm	8 mm	穴角度計算	4 ul	(360 deg / 穴数) / 2 ul
2	iPartFlange-02	iPartFlange-02	90 mm	14 mm	35.5 mm	20 mm	12 mm	穴角度計算	8 ul	(360 deg / 穴数) / 2 ul

各行はパーツのインスタンスを表しています．必要なパラメータの行を選択します．

図 6.64　iPart の変数テーブル

＊この例では，基本となるパーツのフランジ（図（a））から穴の寸法と個数の違うフランジがインスタンス（図（b））として生成されています．

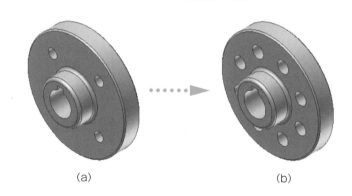

(a)　　　　　　　　　　　　(b)

図 6.65　iPart によるインスタンスの生成

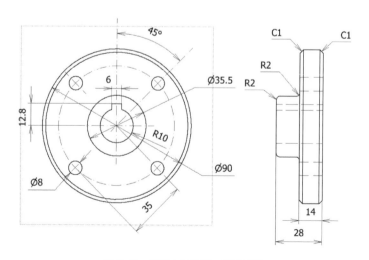

図 6.66　基本となるパーツの寸法

　ここで，iPart に保存されているテーブル内のパーツの集合を**パーツファミリ**と
いいます．また，このように複数のインスタンスをもつパーツで，それぞれのイン
スタンスのパラメータやプロパティが表形式で保存されているものを，**iPart ファ
クトリ**といいます．

　また，iPart には，つぎの**標準 iPart** と**カスタム iPart** の 2 種類があります．

- ❖ **標準 iPart**　ユーザは配置の際にパラメータを変更できません．アセンブリに
  配置する際には，あらかじめ設定されている値の組合せをテーブルから選択で
  きます．配置された iPart に対してフィーチャの追加はできません．図 6.65 は
  標準 iPart の例を示しています．
- ❖ **カスタム iPart**　ユーザが配置の際に一部の寸法拘束などのパラメータを変更
  できます．パラメータの変更は，**カスタムパラメータの列**にパーツの構成に矛
  盾のない適切な値を設定できますが，ここで生成したパーツは固有のファイル
  名と保存場所を指定します．配置された iPart に対してフィーチャを追加できま
  す．

　つぎに，図 6.65，6.66 のフランジについて，標準とカスタムの 2 つの iPart の作
成方法を説明します．実行しながら確認する場合は，あらかじめ適当なアセンブリ
ファイルを作成してください．

6.4.1　標準 iPart の作成

　ここでは，あらかじめ寸法を設定したインスタンスを作成する標準 iPart を作成
します．

❶ 図 6.67 のように，［**管理**］タブ＞［**オーサリング**］パネル＞［**iPart を作成**］
　を選択すると，図 6.68 のように，［**iPart を作成**］ダイアログが表示されます．
　名前を指定したパラメータは，iPart ファクトリを作成したときに自動的にテー
　ブルに追加されます．必要な列が含まれない場合には，［**パラメータ**］タブで
　そのパラメータを選択して，⟩⟩ボタンをクリックして右の**リストボックス**に
　追加します．リストボックスのパラメータがテーブルの列になります．

　　タブには，［**パラメータ**］，［**プロパティ**］など 8 つのものが含まれ，必要に
　応じてテーブルの列に項目として追加することができます．以下に，各タブに
　ついて説明します．

図 6.67　**iPart を作成**

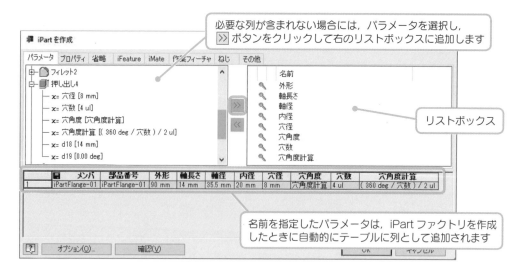

必要な列が含まれない場合には，パラメータを選択し，
≫ ボタンをクリックして右のリストボックスに追加します

リストボックス

名前を指定したパラメータは，iPart ファクトリを作成
したときに自動的にテーブルに列として追加されます

図 6.68　**iPart を作成のダイアログ**

*図 6.70 のパラメータ
のダイアログでは，あら
かじめパラメータ名を日
本語で表記しています.

⁘ **パラメータ**　iPart のフィーチャのパラメータ（値）を表形式で表します. 複数
行の場合，それぞれの行はパラメータの異なるパーツ（インスタンス）を表し
ます.

⁘ **プロパティ**　概要，プロジェクト，物理情報のカスタムプロパティを表します.

⁘ **省略**　iPart の各構成に基づいて各フィーチャを計算，または省略を指定します.

⁘ **iFeature**　iPart テーブルに含めるテーブル駆動 iFeature を指定します.

⁘ **iMate**　iPart メンバに追加する iMate を個別に指定します.

⁘ **作業フィーチャ**　作業フィーチャを iPart のそれぞれのインスタンスに含める
か，除外するかを指定します.

⁘ **ねじ**　ねじパラメータを iPart の各インスタンスに含めるか，除外するかを指
定します.

⁘ **その他**　iPart の各インスタンスに付加するカスタム情報を設定します.

*この例では, 穴径を 8,
16 mm, 穴数 4, 8 ul の
2 種類にしています.

❷　図 6.69 のようにパラメータ行を選択し，右クリックして，[**行を挿入**] を選択
します. ここで，[**名前**] の前の🔍アイコンはユーザが変更できないパラメー
タを示しています. つづけて，必要に応じてインスタンスとなる挿入した行の
パラメータの値に修正を加えます.

　　この状態では，2 つの標準 iPart を含む iPart テーブルが作成されたことにな
ります.

*ここでは, 穴角度計算
という名前のユーザパラ
メータを作り, 計算式を
入れています.

❸　最後に，$\boxed{\text{OK}}$ ボタンをクリックして保存します.

　　ここで用いるパラメータは，[**管理**] タブ＞[**パラメータ**] ツールを選択す
ると，図 6.70 のように表形式で表示されます. あらかじめ**モデルパラメータ**
のパラメータ名を変更（外形，軸長さ，軸径など）するか，**ユーザパラメータ**
を追加するかしておくと自動的に表示されます.

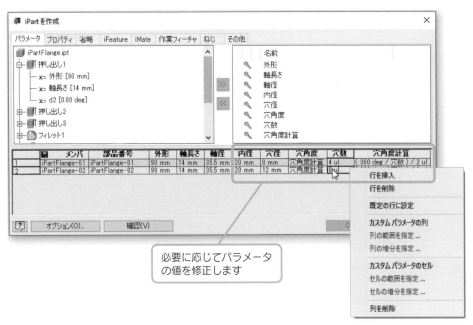

図 6.69　パラメータの追加・修正

図 6.70　パラメータのダイアログ（詳細表示）

　　追加した**ユーザパラメータ**の削除は，当該の行の先頭部分を右クリックすると表示されるポップアップメニューで行います．ただし，別の計算式で用いられている場合には削除できないので注意してください．

　　テーブルは Excel で編集することもできます．図 6.71 のようにモデルブラウザ上で右クリックし，［**スプレッドシートで編集**］を選択すると，図 6.72 のように表示され，編集が可能となります．

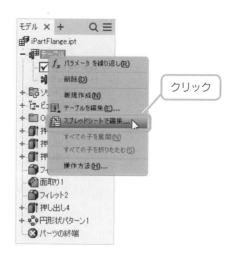

図 6.71　スプレッドシートで編集

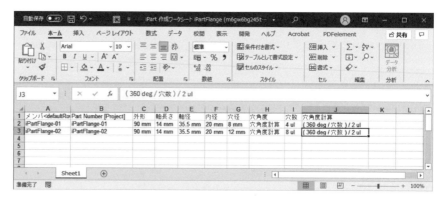

図 6.72　Excel のワークシートで編集

カスタム iPart の作成

　ここでは，寸法拘束などをユーザが変更可能な**カスタム iPart** を作成します．標準 iPart と同様の手順で作成します．

❶　標準 iPart と同様に，[**管理**] タブ＞ [**iPart を作成**] を選択すると，[**iPart を作成**] ダイアログが表示されます．

＊この例では，穴径を8 mm，穴数 4 を変更すると，形状が変化します．

❷　ユーザが変更可能なパラメータを設定します．図 6.73 のように，右側のリストボックスでカスタムパラメータとしたい [**名前**] で右クリックし，ポップアップメニューを表示します．[**カスタムパラメータの列**] を選択すると各テーブルの列にカスタムパラメータが追加され，同時に🔧 のアイコンが消えます．

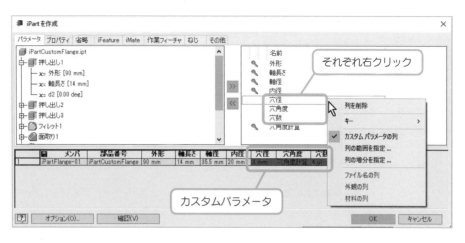

図 6.73 カスタムパラメータの設定

　標準 iPart で iPart の作成が終了し，実際に配置すると，図 6.74 のようにモデルブラウザに**テーブル**が表示されます．この図では，テーブルをコンポーネント変更をクリックして展開した状態を示しています．

　この例で，部品番号をクリックして OK を押すと，ほかの適合するインスタンスに形状が変化することがわかります．

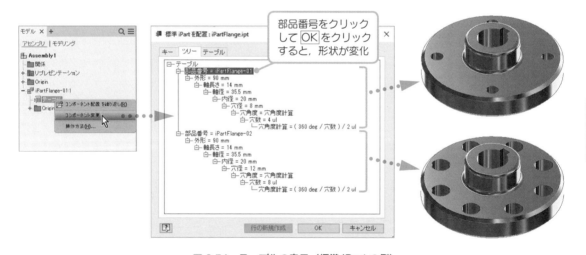

図 6.74 テーブルの表示（標準 iPart の例）

6.4.3 iPart の配置

*あらかじめアセンブリファイル Standard.iam を作成しておきます．

　ここでは，iPart ファクトリからパーツを配置します．通常の手順でアセンブリファイルにインスタンスを配置するのと同様に，[**コンポーネントの配置**]ツールを用いて行います．標準 iPart とカスタム iPart のそれぞれについて手順を示します．

◆ 標準 iPart の配置

　[アセンブリ]タブ>[コンポーネント]パネル>[配置]を選択し，標準 iPart のコンポーネントを選択すると，図 6.75 の[**標準 iPart を配置**]ダイアログが開

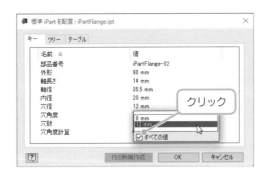

図 6.75　標準 iPart を配置のダイアログ

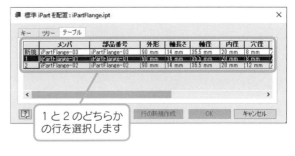

図 6.76　標準 iPart テーブルから選択して配置

きます.

　[キー], [ツリー], [テーブル] の3種類のタブがありますが, 表示方法が異なるだけで, 選択できる値の組合せは同じです. [キー] タブで複数の値がある場合には, 図 6.75 のように値をクリックしてから [すべての値] をチェックして, ほかのインスタンスの値を表示します. この例では, 図 6.76 のように, テーブルに2種類のインスタンスが定義されているので, どちらかを選択することになります. なお, 1 または 2 の行のデータを基にして, 任意のパラメータを変更して, [行の新規作成] をクリックすると, 3番目に新しい iPart が追加されます. 新規の行はこのようにして追加されたものです.

◆ カスタム iPart の配置

　[アセンブリ] タブ> [コンポーネント] パネル> [配置] を選択し, カスタム iPart を選択すると, 図 6.77 の [カスタム iPart を配置] ダイアログが開きます.

　3種類のタブがあるのは, 標準 iPart と同様です. テーブルの場合, 変更可能な値をクリックしてから適切な値を入力します. この例では, 穴径, 穴角度, 穴数をユーザが設定可能です. 当然ですが, 物理的に矛盾のある組合せは指定できません. ここでは穴角度は穴角度計算によって決まります.

　また, カスタム iPart の場合は, インスタンスを別ファイルとして保存するように, [出力先ファイル名] が表示されます. 自動的に設定されている既定の保存先を変える場合には, 参照 ボタンをクリックして保存先を指定する必要があります.

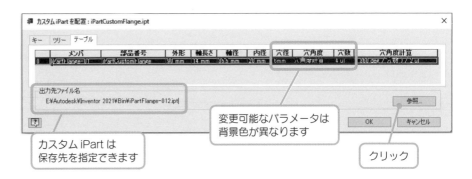

図 6.77　カスタム iPart を配置のダイアログ

6.5 iMate

　フランジに継手ボルトを複数取り付けるなど，アセンブリに頻繁に同じ種類のアセンブリ拘束を適用することがあります．

　このような場合に，アセンブリへの拘束の方法の指定をあらかじめコンポーネントに対して定義し，それを呼び出すことで効率よく作業を行うことができます．このアセンブリインターフェースを **iMate** といいます．

　iMate は，アセンブリの一対の拘束の指定とは異なり，片方を指定し，その拘束のタイプに応じて既定の名前が割り当てられ，図 6.78 のようにブラウザの **iMate** フォルダにアイテムとして表示されます．この名前が一致していると，コンポーネントが配置されるときに組合せ先のコンポーネントに自動的に拘束されます．

　iMate の作成方法と iMate のパーツの配置方法について，以下に説明します．

図 6.78　モデルブラウザ上の iMate の拘束のタイプ

6.5.1 iMate の作成

　ここでは，iMate を作成します．手順は以下のようになります．

❶ コンポーネント作成画面で，図 6.79 のように ［管理］タブ＞［オーサリング］パネル＞［iMate］（🚫）をクリックすると，図 6.80 の ［iMate を作成］ダイアログが表示されます．

図 6.79　オーサリングパネルの iMate

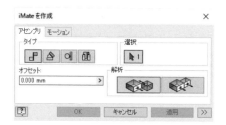

図 6.80　iMate を作成のダイアログ

❷　図6.81のように，**拘束**ツールと同様に拘束の［**タイプ**］を指定し，拘束する位置をクリックし，適用ボタンを押します．選択した拘束のタイプに応じて，図6.82のように，**iMate記号**がパーツ上のジオメトリに配置されます．iMate記号は配置の際に目印になると同時に，拘束の種類も識別できます．複数あるiMateは，**コンポジットiMate**としてまとめることができます．iMate記号は，［**表示**］タブ＞［**表示設定**］パネルでアイコンをクリックして，表示のオン／オフを設定できます．なお，このパーツの寸法は図6.83のようになっています．

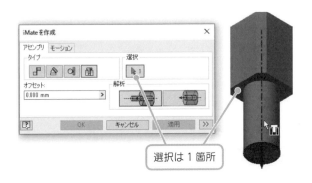

選択は1箇所

図6.81　iMateの拘束タイプの指定

iMate記号
挿入拘束のアイコン
表示となっています

図6.82　iMate記号

図6.83　図6.81, 6.82の
パーツの寸法

6.5.2　iMateによるパーツの配置

＊配置用にあらかじめアセンブリ図面をiMate.iamとして作成します．

iMate拘束を利用してパーツを配置するには，つぎの3つの方法があります．

◆ **コンポーネントの読込み時に［iMateでインタラクティブに置換］または［指定の場所にiMateを自動生成］オプションをチェックし，配置する方法**

❶　［アセンブリ］タブ＞［コンポーネント］パネル＞［配置］ツールの［開く］ダイアログを開きます．

＊配置されたコンポーネントが自動的に解決されない場合は，通常のコンポーネントの配置と同様の手順で配置します．

❷　図6.84のように［iMateでインタラクティブに置換］または［指定の場所にiMateを自動生成］オプションをチェックして，iMate拘束を含むコンポーネ

ントを選択して読み込むと，自動的に配置され iMate 記号がブラウザに表示されます．[iMate でインタラクティブに置換] をチェックすると，完了するまで連続して配置できます．

図 6.84　iMate によるパーツ配置

◆ iMate 記号を対応する iMate 記号の上にドラッグ＆ドロップする方法 ──────

❶ ［アセンブリ］タブ＞［コンポーネント］パネル＞［配置］ツールの［開く］ダイアログを開き，[iMate でインタラクティブに置換]（🅼）および［指定の場所に iMate を自動生成]（🅼）のチェックをはずし，iMate 拘束を含むコンポーネントを選択して読み込みます．

❷ コンポーネントをクリックし，iMate 記号を表示します．[Alt]キーを押したまま iMate 記号をクリックし，そのままの状態を保ちながら，ほかのコンポーネントのマッチングする iMate 記号にドラッグします（図 6.85）．対応する iMate 記号がハイライト表示され，"ポン"という音が鳴ったら，コンポーネントが拘束位置に位置合わせされたことになります．

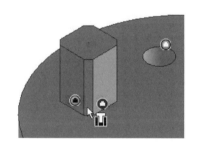

図 6.85　iMate をドラッグ＆ドロップ

◆ ［拘束］コマンドを使用して，iMate 記号を選択し，配置する方法 ──────

❶ [Ctrl]キーを押したまま iMate 記号を含む 2 つのコンポーネントを選択し，右クリックするとポップアップメニューが開くので，[iMate 記号の表示設定]を選択し，iMate 記号を表示させます．

＊ iMate 記号のアイコン（🅼🅼🅼🅼）で拘束のタイプは識別できます．記号自体はあまり大きくないため識別しにくいのですが，左からメイト，角度，正接，挿入を表します．

❷ ［関係］パネル＞［拘束］ツールを選択して，図 6.86 の [拘束を指定] ダイアログを開き，一致させる iMate 記号と同一の拘束を［タイプ］エリアの拘束から指定します．iMate 記号を選ぶと，[タイプ]エリアがグレー表示となります．ここでの拘束のタイプが適合しないと iMate 記号を選択できません．

❸ 最後に，図 6.87 のように拘束対象のコンポーネント上の対応する iMate 記号を選択してから，適用ボタンをクリックすると，選択された iMate 記号の色が変化するので，適切に配置されたかどうかが容易にわかります．なお，台座の寸法は図 6.88 のようになっています．

6

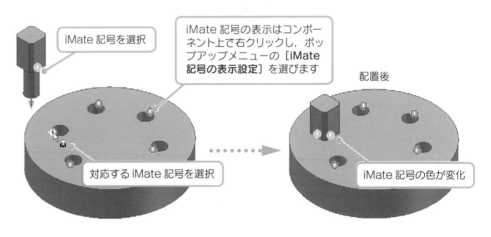

図 6.86 　拘束を指定のダイアログ

iMate 記号を選択

iMate 記号の表示はコンポーネント上で右クリックし，ポップアップメニューの [iMate記号の表示設定] を選びます

配置後

対応する iMate 記号を選択

iMate 記号の色が変化

（a）パーツの iMate 記号の選択 　　　　　　　　　（b）パーツの配置

図 6.87 　iMate 表示によるパーツの配置

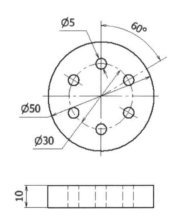

図 6.88 　図 6.87 の iMate の台座の寸法

コンポジット iMate とは

　複数ある iMate をひとまとめにしたものを**コンポジット iMate** とよびます．iMate フォルダ内の必要な iMate を選択して，右クリックしてポップアップメニューの [**コンポジットを作成**] で，**コンポジット iMate** としてまとめることができます．

6.6　iFeature

　iFeature とは，コンポーネントを作成する際に頻繁に使用する長穴やボスなどの形状（フィーチャ，スケッチなど）をあらかじめ抽出し，保存・再使用できるようにライブラリ化を行う機能のことです．これにより，複雑な形状のスケッチを再利用することができ，設計作業の効率化が可能となります．iFeature はライブラリに登録すると，**カタログ**から選択して使用・編集することができます．さまざまな iFeature が，あらかじめ標準のカタログに用意されています．

6.6.1　iFeature の作成

　ここでは，図 6.89，6.90 の**長穴**を iFeature の対象とします．

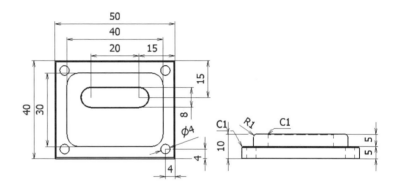

図 6.89　**長穴を含むパーツ**　　　　　図 6.90　**長穴を含むパーツの寸法**

❶ ［管理］タブ＞［オーサリング］パネル＞［iFeature を抽出］（🖻）を選択すると，図 6.91 の［**iFeature を抽出**］ダイアログが表示されます．この時点では何も表示されていません．

図 6.91　**iFeature を抽出のダイアログ**

❷ モデルブラウザ上にマウスカーソルを移動すると＋アイコンになるので，表示されている**長穴**のフィーチャ上（押し出し 3）でクリックします．iFeature の対象となるフィーチャを選択すると，図 6.92 のようにダイアログに選択されたフィーチャが表示されます．この図では**押し出し 3**（長穴）を選択しています．

図 6.92　**ダイアログに選択されたフィーチャの表示**

❸ 図 6.93 のように，左側の**選択されたフィーチャ**のパラメータを選択します．長穴の幅と長穴の径，深さのパラメータを指定し，⧉を押してサイズパラメータに設定します．

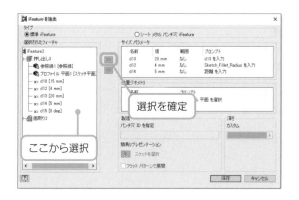

図 6.93　**サイズパラメータの設定**

ここで，登録されたサイズパラメータは，Inventor が自動的に割り当てた名前が表示されます．この表示でわかりにくい場合には，図 6.94（a）のように，ポップアップメニューを表示して［**寸法を表示**］を選ぶか，または図（b）のように，グラフィックスウィンドウ上で右クリックしてポップアップメニューを表示し，［**寸法の表示**］＞［**式**］を選択すると，図 6.95 のようになります．

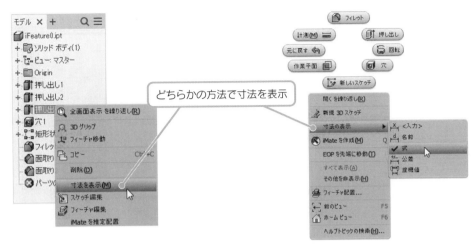

(a) モデルブラウザ上で寸法の表示指定　　　　(b) グラフィックスウインドウ上で寸法の表示指定

図 6.94　寸法の表示指定

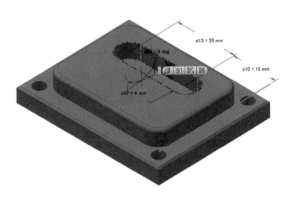

図 6.95　寸法の表示

❹　図 6.96 のように，［サイズパラメータ］の［名前］，［プロンプト］を変更し，保存ボタンをクリックすると，図 6.97 の［名前を付けて保存］のダイアログが表示されるので，図のように名前を付けて保存します．ライブラリの「Catalog」フォルダが既定の保存先ですが，変更もできます．このフォルダに保存した場合には，カタログの機能で呼び出すことができます．

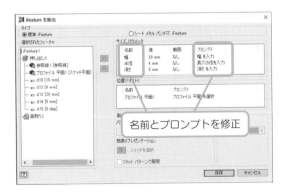

図 6.96　サイズパラメータの変更

図 6.97　名前を付けて保存のダイアログ

6.6.2　iFeature の挿入

　ここでは，登録した iFeature を図面に挿入します．あらかじめ **iFeature0.ipt** を
開いておきます．

❶　［**管理**］タブ＞［**挿入**］パネル＞［**iFeature の挿入**］をクリックすると，図 6.98
のように［**iFeature を挿入**］ダイアログが開きます．**参照** ボタンをクリックし，
挿入するファイルを選択します．

図 6.98　**iFeature の選択の表示**

図 6.99　**iFeature のポジションの表示**

❷　**次へ** ボタンをクリックすると，図 6.99 のダイアログとなり，同時に図 6.100（a）
のようにフィーチャが現れるので，配置する面をマウスでクリックします．こ
の時点で図 6.100（b）のように角度は 30 度に設定し，おおよその位置に配置
します．位置，角度の変更は，図中の**スケッチ座標を編集**アイコン（十字矢印
と回転矢印の組合せ）を操作して行います．

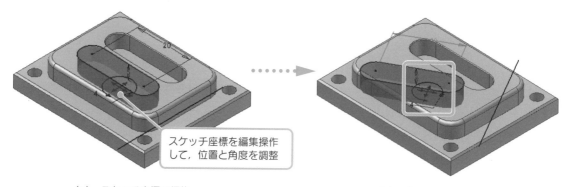

（a）　スケッチ座標の編集　　　　　　　　　　　　（b）　位置と角度の調整線

図 6.100　**iFeature の配置**

❸　さらに **次へ** ボタンをクリックすると，図 6.101 のようにサイズのダイアログに
なるので，図 6.102 のように各値を変更（幅：10，半径：3，深さ：2）します．
そして，**次へ** ボタンをクリックします．

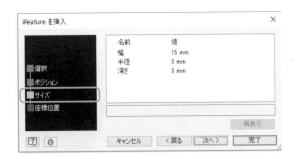

図 6.101 **iFeature のサイズの表示**

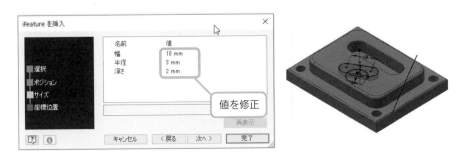

図 6.102 **iFeature のサイズの修正**

❹ 最後に，図 6.103 のダイアログになるので，完了ボタンをクリックすると，図 6.104 のように iFeature の挿入が完了します．

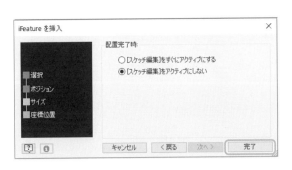

図 6.103 **iFeature を挿入のダイアログの終了**

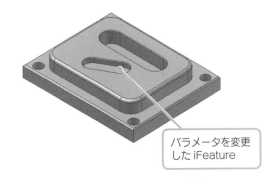

図 6.104 **iFeature の完了**

　配置済みの iFeature のパラメータを変更するには，図 6.105 のように，モデルブラウザの iFeature 上で右クリックして，[iFeature を編集] を選択します．配置を変更するには，図 6.99 の [ポジション] をクリックし，[名前] のプロファイルの前の☑をクリックします．つづけて，新しい面か作業平面を選択し，必要に応じて iFeature のスケッチを**スケッチ座標を編集**アイコン（図 6.100（b））で移動させます．さらに，**サイズ**を変更するには，行をクリックしてパラメータを変更します．

　また，もとの iFeature を直接編集する場合には，図 6.106 の既定の Catalog フォルダの [iFeature カタログを表示] を選択し，図 6.107 のウィンドウを開きます．そこで対象の iFeature のファイルをダブルクリックすると，図 6.108 のウィンドウで編集できます．

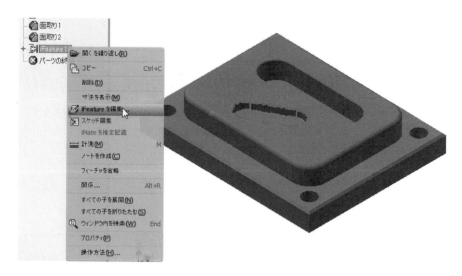

図 6.105　iFeature を編集（その 1）

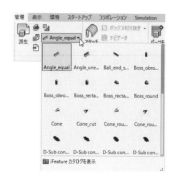

図 6.106　iFeature カタログ表示

図 6.107　iFeature の編集（その 2）

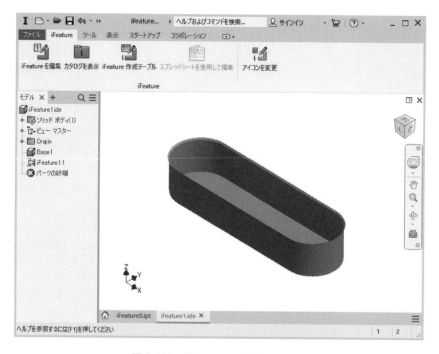

図 6.108　iFeature の編集（その 3）

演習問題

● **6.1**　図 6.109 の図形を，シートメタルの**曲げ**の機能を利用して作成しましょう．ただし，底面は **50 × 50 mm** とし，底面より **10 mm** 上方の作業平面に，左図のスケッチを行います．

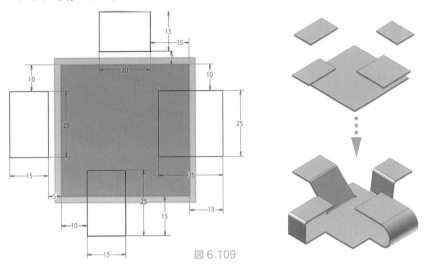

図 6.109

● **6.2**　**第 4 章**で作成したフランジ形たわみ軸継手について，図 6.110 のようにプレゼンテーションビューを作成しましょう．変化量は適宜設定してください．

図 6.110

● **6.3**　図 6.111 のように，穴個数を選べるような標準 iPart，カスタム iPart を作成しましょう．ただし，寸法は **25 × 100**，穴中心は縁から **5 mm** 離れた位置とし，板厚は **2 mm**，面取りは **C1** とします．

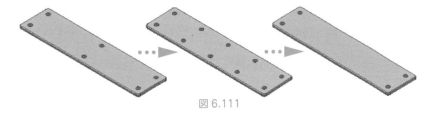

図 6.111

● **6.4**　第 4 章の演習問題 4.2 で作成したロボットハンドについて，スライド部分を動かして，ハンドが開閉を繰り返すシミュレーションをしてください．

索　引

参考文献

[1] オートデスク 著訳, 『Autodesk Inventor 公式トレーニングガイド』, 日経 BP 社.

[2] 門脇重道 著, 『3 次元 CAD からはじめる製図・デザイン 第 2 版』, 森北出版, 2005.

[3] 林洋次 編修, 文部科学省検定教科書『機械製図』, 実教出版, 2013.

著者略歴

船倉　一郎（ふなくら・いちろう）
　　関西大学工学部電子工学科 卒業
　　元兵庫県立飾磨工業高等学校長
　　現在：兵庫県立姫路工業高等学校 勤務
　　機械工学科で 3D CAD ソフトウェアの Autodesk 社 Mechanical Desktop,
　　Inventor などを指導
　　〈著　書〉
　　情報技術基礎（実教出版［文部科学省検定教科書］）共著
　　精選情報技術基礎（実教出版［文部科学省検定教科書］）共著
　　電子回路の基礎マスター第 2 版（電気書院）
　　入門 ロボット制御のエレクトロニクス（オーム社）共著
　　など

堀　桂太郎（ほり・けいたろう）
　　日本大学大学院理工学研究科 博士後期課程情報科学専攻 修了
　　博士（工学）
　　国立明石工業高等専門学校 名誉教授
　　現在：私立神戸女子短期大学総合生活学科 教授
　　〈著　書〉
　　図解 LabVIEW 実習（森北出版）
　　図解 ModelSim 実習（森北出版）
　　図解 コンピュータアーキテクチャ入門（森北出版）
　　図解 VHDL 実習（森北出版）
　　図解 PIC マイコン実習（森北出版）
　　など多数

編集担当　村瀬健太（森北出版）
編集責任　藤原祐介（森北出版）
組　　版　双文社印刷
印　　刷　シナノ印刷
製　　本　同

図解 Inventor 実習（第 3 版）　　　　　　　　　　　　　© 船倉一郎・堀桂太郎　2021
　─ゼロからわかる 3 次元 CAD ─

2006 年 12 月 25 日	第 1 版第 1 刷発行	【本書の無断転載を禁ず】
2012 年 8 月 6 日	第 1 版第 5 刷発行	
2013 年 8 月 1 日	第 2 版第 1 刷発行	
2019 年 8 月 30 日	第 2 版第 6 刷発行	
2021 年 10 月 26 日	第 3 版第 1 刷発行	
2024 年 2 月 10 日	第 3 版第 2 刷発行	

著　　者　船倉一郎・堀桂太郎
発 行 者　森北博巳
発 行 所　森北出版株式会社
　　　　　東京都千代田区富士見 1-4-11（〒 102-0071）
　　　　　電話 03-3265-8341／FAX 03-3264-8709
　　　　　https://www.morikita.co.jp/
　　　　　日本書籍出版協会・自然科学書協会　会員
　　　　　JCOPY ＜（一社）出版者著作権管理機構 委託出版物＞

落丁・乱丁本はお取替えいたします.

Printed in Japan ／ ISBN978-4-627-66623-8